機械学習を
解釈する技術

予測力と説明力を両立する実践テクニック

著者：**森下光之助**

Techniques for Interpreting Machine Learning

技術評論社

解 説

　本書の出版にあたって、執筆前の段階から各章のレビューについてご依頼いただきました。執筆中のレビューを通じて、著者である森下氏とアイデアや説明に関してさまざまな議論を行った経緯から、僭越ながら本書の解説もさせていただくことになりました。

　私自身は医学に係る領域での研究開発に従事しており、その業務のなかで疾患に関する予測モデルや推薦エンジンを扱うことがあります。それらの大半は、医療関係者や医学研究者とともに進めますが、ほぼ必ずと言っていいほど臨床上の解釈を問われます。そのため、機械学習の説明技術に関して調査することがしばしばありますが、「予測結果の説明のしやすさと、予測精度の間にはトレードオフの関係がある」という議論をしばしば見かけました。この解説ではまずトレードオフに関する議論からスタートし、なぜ本書の出版が必要であったか、考えていこうと思います。

なぜ本書が必要なのか

　Random Forest の開発者である Leo Breiman が記した"Statistical Modeling : The Two Cultures" という著名な論文があります。本書から約20年前に Statistical Science 誌に掲載されたこの記事は、予測と情報抽出の2つがデータ分析のゴールであるとした上で、モデリングのアプローチの違いを、データが所与の確率的データモデルによって生成されると仮定するものと、データのメカニズムを未知のものとして入力変数に対する応答をアルゴリズムを使って予測するものという、2つの「文化」として対比しながら、（当時の）統計学界に対して後者のアプローチの普及を促す内容でした。きわめて単純化すると、前者は線形モデルや決定木のようなシンプルで解釈しやすいモデル、後者を Support Vector Machine や Random Forest などの複雑なモデルを用いた分析アプローチとして論じ、「不幸なことに」予測においては、モデルの単純さ（解釈可能性）と予測精度の間には対立関係があると述べ、オッカムのジレンマと呼びました。Breiman はこの記事の中で、予測の正確さと解釈可能性の二者択一とする問題設定は、統計解析の目的を正しく理解していないと論じつつ、予測精度が低い

モデリングからは、疑わしい結論につながる可能性があると警告しました。その上で、最初に予測精度を追求してからモデルの予測の根拠を理解することで、オッカムのジレンマは適切に解消できるとしました。

"The Two Cultures"から10年以上を経て、データサイエンスが隆盛となった背景には、複雑で膨大なデータを正確に予測する機械学習技術の発展がありました。機械学習が浸透する以前から、多数の変数で構成されるシミュレーションモデルや複雑化するアルゴリズムを「説明」するための技術は、感度分析(Sensitivity Analysis)として研究され利用されてきました。機械学習の解釈可能性も、広義の意味では感度分析と言えますが、機械学習がさまざまな実践分野に普及したことで、実用上の観点から説明や解釈が強く求められるようになったことから、機械学習の解釈可能性(Interpretable Machine Learning)や説明可能なAI(eXplainable AI:XAI)といったキーワードの研究成果が指数的に増えていきました。

データサイエンスにおける1つの節目となったのは、2016年のLIME[2]の発表と2017年のSHAP[3]の発表ではなかったでしょうか。これらのアイデアの登場によって、モデルが表現するデータ全体の説明を前提としない「局所的な説明」という概念が定着しました。また、「特定のアルゴリズムに依存しない説明」も、本書で紹介される手法のように多角的なアプローチがそろってきました。さらに、さまざまな言語や分析プラットホームでツール群が実装・公開されたことで、誰でもある程度、データ分析の際に予測の根拠を評価できるようになりました。

現在では、自然科学や医学分野のような学術領域でも機械学習+説明技術による結果が載った論文が毎月のように掲載されています。Kaggleなどの競技的データ分析の上位者による解説でも、モデリングにおける探索的分析やデバッグのために使われています。いまや機械学習を説明する技術は、データ分析者が実務の中で機械学習を利用する際に、先行文献やドキュメントを読み解くためのリテラシーとして、習得すべき知識の1つと言えるでしょう。

本書について

本書はそうした背景を踏まえて、機械学習の解釈可能性のテクニックを解説した書籍として出版されました。序論である1章を除いた2〜6章は、それぞれ、各手法の基本コンセプトの説明・人工データを用いた基本的なアルゴリズムとその挙動の説明・公開データを使った実践プロセスや解釈にあたっての考え方の順番で構成されており、実務上必要と考えられる最低限の種類に絞り込んで、どの章からでも読み進められるようになっています。

さらに、本書ではただ単に技術とその使い方の説明にとどめるだけでなく各種法の「欠点」についてもふれています。パラメータや基準によって異なった説明が得られるケース（前述のBreimanの論文では「羅生門効果」と呼ばれている）や、変数の関連性を因果関係と解釈すべきか？ など、実務において落とし穴になりがちなポイントを注意深く説明しており、各テクニックの限界に配慮した上で分析を進めることの重要性を教えてくれます。

これらのテクニックを使いこなすことで、データ分析者は機械学習による高い予測精度を享受しながら、そこから得られる情報抽出を両立し、冒頭に挙げたトレードオフに陥ることなく自身の課題に取り組むことができるでしょう。

ステップアップのために

本書は、データ分析を通じた施策の効果や意思決定への情報提供といった業務を視野に据えて執筆されているため、変数とその値で構成される表形式のデータを対象としています。それ以外の、例えば画像・波形の認識や自然言語処理、深層学習の解析についても盛んに研究されている最先端の領域ですが、それらの技術を求めるエンジニアや研究者は、本書によらず個別のトピックに絞っての文献調査等を薦めます。

また、各技法のコンセプトについては解説を最小限にとどめていますが、分析を深化させるためには、いずれ理論的な背景や手続きなどの情報が必要になるかもしれません。その段階では、専門書やそこで参照されている論文を確認するとよいでしょう。例えば、Christoph Molnarによる "Interpretable Machine Learning" は、2021年には日本語の翻訳プロジェクトが公開されました。また、DALEXパッケージの開発者でもあるPrzemyslaw Biecekらに

よる"Explanatory Model Analysis"とともに、網羅的な解説書になってお
り、本書からのステップアップのためにも有用でしょう。

　現在もデータサイエンティストとして活躍する著者が、自身の経験を踏
まえて平易な言葉で解説した内容は非常に読みやすく、データ分析にあ
たって手元に置きたい技術書の1つに加わることでしょう。

加藤聡史

- Breiman, L. (2001). Statistical Modeling: The Two Cultures (with comments and
  a rejoinder by the author), Statistical Science. 16(3): 199-231 (August 2001).
  DOI: 10.1214/ss/1009213726
- Ribeiro M. T. et al., "Why Should I Trust You?": Explaining the Predictions of Any
  Classifier. KDD '16: Proceedings of the 22nd ACM SIGKDD International
  Conference on Knowledge Discovery and Data Mining. August 2016 Pages
  1135-1144. https://doi.org/10.1145/2939672.2939778
- Lundberg, S M and Lee, S. A Unified Approach to Interpreting Model Predictions.
  Advances in Neural Information Processing Systems 30 (NeurIPS 2017)
- Molnar C. Interpretable Machine Learning. A Guide for Making Black Box Models
  Explainable.
  confirmed at https://christophm.github.io/interpretable-ml-book/ on 2021-04-26.
  https://hacarus.github.io/interpretable-ml-book-ja/
- Biecek P. and Burzykowski T. Explanatory Model Analysis. Explore, Explain, and
  Examine Predictive Models with examples in R and Python. Chapman and Hall/
  CRC, New York, 2021. ISBN:9780367135591. confirmed at https://pbiecek.
  github.io/ema/ on 2020-05-03.

目 次 ——————————————————————————————————

3章
特徴量の重要度を知る
〜Permutation Feature Importance〜 53

4章
特徴量と予測値の関係を知る
〜Partial Dependence〜　　　89

5章
インスタンスごとの異質性をとらえる
～Individual Conditional Expectation～ 131

6章
予測の理由を考える
～SHapley Additive exPlanations～ 167

付録 B
機械学習の解釈手法で 線形回帰モデルを解釈する   227

1章

機械学習の解釈性とは

　機械学習モデルは高い予測精度を誇る一方で、モデルの解釈性が低いという欠点を併せ持っています。機械学習というと予測精度が重視されることが多いですが、実務においては分析者自身がモデルの振る舞いを把握し、説明責任を果たすことが求められます。

　1章では、機械学習の解釈性について概観します。また、本書の構成や内容、本書で利用する数式の記法についてまとめています。

1.1 機械学習の解釈性を必要とする理由

　機械学習の研究と開発が進み、機械学習をはじめたばかりの入門者でも高い精度の予測モデルを構築できるようになりました。手法面では、Neural Net, Gradient Boosting Decision Tree（GBDT）, Random Forestなど、高精度の予測を可能とする機械学習の手法が大きく発展しました。これらの手法は、予測したい目的変数と予測を行うための入力である特徴量の間に存在する複雑な依存関係を学習することで、高い精度の予測を達成します。開発面では、これらの機械学習手法が実装されたオープンソースのパッケージが充実し、それらを実務で利用するためのノウハウも蓄積されています。これら手法面と開発面の発展の恩恵を受け、データサイエンティストや機械学習エンジニアといった分析者は、さまざまなタスクに対して手軽に高精度の予測モデルを構築できるようになりました。

　ビジネスの現場において、予測モデルを構築する際にまず第一に求められるのは**予測精度**です。例えば、製品の需要を予測する際に、需要を過剰に予測してしまうと在庫を抱えるコストが必要になり、逆に需要を過小に予測してしまうと品切れが発生して機会損失が生じます。このように、実務における予測精度は利潤に直結する重要な要素であり、より高い予測精度を達成する機械学習モデルを選択する機会はますます増加しています。

　しかし、機械学習モデルもあらゆる問題を解消できる「万能薬」ではありません。機械学習モデルは予測精度が高い一方で、線形回帰モデルなどの従来の統計モデルと比較して解釈性が低いという欠点を持っています[1]。

　また、ビジネスの現場において、多くのタスクでは単純な予測精度だけではなく、**モデルの解釈性**も重要になります。例えば、融資を行って採算がとれるかどうかを判断する予測モデルを構築するケースを考えます。このタスクにおいて、採算がとれるかどうかを高い精度で予測することは言

---

[1]　次節以降で説明しますが、特徴量と予測値の関係性が分かるなど、モデルの振る舞いが分析者にとって理解できる状態を「解釈性が高い」、これらが理解できない状態を「解釈性が低い」と本書では表現します。

うまでもなく最重要課題ですが、それに加えて、なぜモデルは「採算がとれる/とれない」という判断を下したのかを知ることも必要です。いつもきちんと返済を行っているので採算がとれると判断したのかもしれませんし、逆に借入残高がすでに多すぎるので追加の融資は採算がとれないと判断したのかもしれません。このようなモデルの予測結果に対する解釈性は、分析者自身がモデルの振る舞いを把握し、説明責任を果たすという意味で重要になります。

もちろん解釈性は一切求められないケースもありますが、予測精度だけでなく解釈性を求めるケースは実務において多く見られます。ですので、機械学習モデルの「解釈性が低い」という特徴は、実務における予測モデルの構築の際に足かせとなる可能性があります。

AI・機械学習業界の将来に目を向けてみましょう。機械学習モデルを自動で構築する AutoML と呼ばれる分野が急速に発展しています。従来はデータサイエンティストや機械学習エンジニアが行っていたモデル構築は自動で行われるようになり、分析者は構築されたモデルの振る舞いを解釈することにより多くの時間を使うようになると予想されます。例えば、Google のクラウドサービスである Google Cloud Platform（GCP）[2] には、AutoML Tables[3] というテーブルデータに対する機械学習モデルの自動構築サービスが存在します。さらに、自動構築した機械学習モデルに対して、本書で紹介する特徴量の重要度などの機械学習モデルを解釈する Explainable AI[4] という機能も備わっています。本書ではこれらのサービスの詳細には踏み込みませんが、これらのサービスを利用することで、今まで以上に機械学習モデルを簡易に構築し、その振る舞いを解釈できるようになってきています。予測モデルそれ自体の構築が容易になるほど、予測モデルを正しく解釈し、適切に予測モデルを利用することの重要性が増してくると考えられます。

以上の理由から、機械学習を解釈する技術を学ぶことは今後ますます重要になっていくと筆者は考えています。

---

* 2　https://cloud.google.com/?hl=ja
* 3　https://cloud.google.com/automl-tables/?hl=ja
* 4　https://cloud.google.com/explainable-ai

　本書は、実務でデータ分析に取り組んでいるデータサイエンティストや機械学習エンジニアの方々に、機械学習の解釈手法を直感的に理解し、実際のビジネスに役立てていただくことを目指して執筆しました。

1.2　予測精度と解釈性のトレードオフ

　一般に、予測モデルには**予測精度と解釈性のトレードオフ**が存在します。従来の統計モデルは比較的シンプルな設計なので解釈性が高いことが特徴です。一方で、近年の機械学習モデルは高い精度を誇りますが解釈性は低いという特徴をもっています。

　まずは従来の統計モデルから確認していきます。詳細は 2 章で解説しますが、最もシンプルなモデルの 1 つが線形回帰モデルです。例えば、いくつかの情報から住宅価格を予測するタスクを考えましょう。線形回帰モデルは以下のように目的変数と特徴量の関係を線形和で表現します。

$$住宅価格 = \beta_0 + \beta_1 部屋の数 + \beta_2 駅からの距離 + ノイズ$$

　このモデルのパラメータ $(\beta_0, \beta_1, \beta_2)$ をデータから推定することで、部屋の数と駅からの距離という情報を与えると住宅価格を予測するモデルを構築できます。線形回帰モデルでは、部屋の数が 1 部屋増えると住宅価格は β_1 円だけ上がるという関係が明示的に分かります。このように、線形回帰モデルは非常に単純な関係を仮定していることもあり、モデルの振る舞いに対する透明性が非常に高いと言えます。これを**解釈性が高い**状態と呼びます。

　次に近年発展した機械学習モデルについて確認します。Neural Net, GBDT, Random Forest などの機械学習モデルは、目的変数と特徴量の関係に単純な線形性などの仮定を置きません。結果として、（データが十分に与えられれば）モデルはより複雑な関係を学習できるようになり、線形回帰モデルよりも高い予測精度を達成できます[5]。

---

[5]　本書では、これら機械学習モデルの理論面の詳細や、ハイパーパラメータのチューニングなどの実用面の詳細にはふれません。Neural Net の理論や実用に関しては Howard and Gugger(2020) を参照してください。また、GBDT や Random Forest については Hastie, Tibshirani and Friedman(2009) と門脇他 (2019) をご確認ください。

　ただし、前述のように、高い予測精度というメリットには低い解釈性というデメリットが付随します。これらの予測モデルはモデルの中身が非常に複雑であり、目的変数と特徴量のひも付きが人間にはうまく理解できません。このような状態を**解釈性が低い**と呼び、解釈性の低いモデルをブラックボックスモデルと呼びます[*6]。

　このように、予測モデルには予測精度と解釈性のトレードオフが存在します。とはいえ、できることなら高い予測精度と高い解釈性を両立できることが理想的です。そこで、このトレードオフを克服するために、予測精度の高いブラックボックスモデルをうまく解釈するための手法がいくつも生み出されています。

1.3　機械学習の解釈手法

　本書では、このようなブラックボックスモデルに解釈性を与える手法のうち、実務において筆者が特に有用と考えるものを紹介します。具体的には、次の4つの手法を紹介します。

- **PFI**：**P**ermutation **F**eature **I**mportance
- **PD**：**P**artial **D**ependence
- **ICE**：**I**ndividual **C**onditional **E**xpectation
- **SHAP**：**SH**apley **A**dditive ex**P**lanations

　PFIは予測モデルにとってどの特徴量が重要かを知ることができます。PDは特徴量とモデルの予測値の平均的な関係を、ICEは平均ではなく個別のインスタンスに対して特徴量と予測値の関係を見る手法です。最後

[*6]　ブラックボックスモデルの対比として、解釈性の高いモデルをホワイトボックスモデルと呼ぶことがあります。本書で紹介する線形回帰モデルは最も解釈性の高いホワイトボックスモデルです。線形回帰モデルと比較すると解釈性が落ちますが、ロジスティック回帰などの一般化線形モデル（Generalized Linear Model：GLM）や一般化加法モデル（Generalized Additive Model：GAM）は、Neural Net等のブラックボックスモデルと比較すると高い解釈性を持ちます。他にも、K-Nearest Neighbor（KNN）や決定木などもホワイトボックスモデルとして括られることがあります。

に、SHAPは「モデルがなぜそのような予測値を出しているのか」という
理由を解釈できます。

　また、PFI, PD, ICE, SHAPという解釈手法は、それぞれマクロな視点
からミクロな視点にマッピングできます[7]。

　PFIは「特徴量が有効かどうか」というある意味では大雑把な解釈手法
です。よって、非常にマクロな解釈手法です。PDは具体的に特徴量と目
的変数の関係に踏み込んでおり、その意味ではPFIよりもミクロな解釈手
法と言えます。ICEは平均的な関係ではなくインスタンスごとの関係とい
うより詳細な解釈性を与える手法であり、PDよりさらにミクロな視点を
持っていると言えます。SHAPはインスタンスごとに予測の理由を解釈す
る手法であり、ICEと同程度にミクロな解釈手法と言えます。実はSHAP
は適当な粒度で集計・可視化を行うことで、PDやPFIのようにによりマク
ロな視点の解釈手法として利用することもできます。これら4つの手法の
位置づけを図1.1にまとめます。

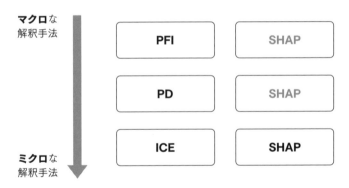

■ 図1.1／解釈手法をミクロ／マクロでマッピング

　なお、これら4つの手法はあらゆる予測モデルに対して適用できる手法
です。ブラックボックスモデルとして例に挙げたNeural Net, GBDT,
Random Forestなどの既存手法にはもちろん適用できますし、将来より
予測精度の高い手法が開発された際にも問題なく利用可能です。また、線

＊7　マクロな視点はグローバル（global）、ミクロな視点はローカル（local）と表現されることが多
　　いですが、本書ではミクロ、マクロと表現しています。

形回帰モデルなど元から解釈性の高い統計モデルにも適用可能です。あらゆるモデルに対応できる手法なので、モデル特有の解釈手法と比較して応用範囲が広いことが実務的な利点です。

1.4 機械学習の解釈手法の注意点

　機械学習の解釈手法は、それ単体では解釈性の低いブラックボックスモデルに解釈性を与え、高い予測精度と透明性の高い解釈性を両立させる非常に有用な手法です。とはいえ、その使い方には細心の注意を払う必要があります。前節で挙げたPFI, PD, ICE, SHAPの4つの手法での個別の注意点はそれぞれ個別手法の解説の際に詳述することにして、本節では機械学習の解釈手法全般に共通する注意点について述べることにします。

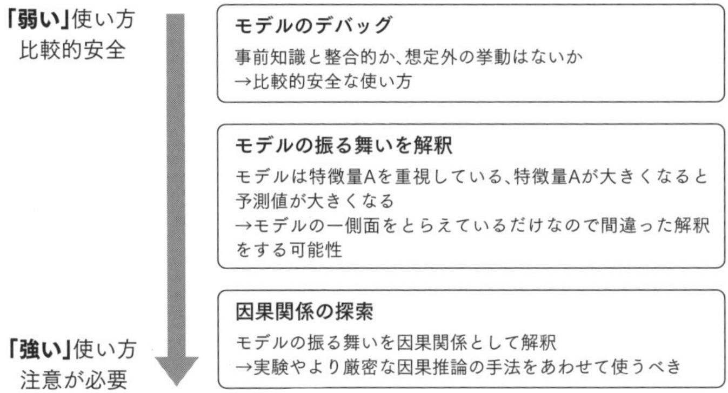

「弱い」使い方
比較的安全

モデルのデバッグ
事前知識と整合的か、想定外の挙動はないか
→比較的安全な使い方

モデルの振る舞いを解釈
モデルは特徴量Aを重視している、特徴量Aが大きくなると予測値が大きくなる
→モデルの一側面をとらえているだけなので間違った解釈をする可能性

「強い」使い方
注意が必要

因果関係の探索
モデルの振る舞いを因果関係として解釈
→実験やより厳密な因果推論の手法をあわせて使うべき

■ **図1.2**／解釈手法の使い方

　図1.2に示したように、機械学習の解釈手法は比較的安全な使い方から注意が必要な使い方まで、いくつかの段階に分けられます。
　まず、最も安全な使い方から紹介します。それは解釈手法をモデルのデバッグに利用するやり方です。解釈結果がドメイン知識と整合的かを確認し、もし整合的でなければデータかモデルに問題があるかもしれないのでそれを確認する、という手順です。

　例えば、PFIは予測モデルが重要視している特徴量を知ることができました。事前知識としては重要であるはずの特徴がPFIの結果では重要でなかったり、またはその逆であったりした場合は、データやモデルにミスがあるかもしれません（もちろん、データにもモデルにも問題はなく、事前知識が間違っている可能性もあります）。

　次に安全な使い方は、解釈結果をあくまでモデルの振る舞いとして解釈することです。そして、より危険な使い方は、解釈結果を因果関係として解釈することです。この違いを説明します。例えば、PDは特徴量とモデルの予測値の関係を解釈できる手法で、ある特徴量の値が増加したときに、モデルの予測値が大きくなるのか小さくなるのかを知ることができます。これを予測モデルにおける「特徴量と**予測値**の関係」として解釈するのは比較的安全ですが、「特徴量と**目的変数**の因果関係」として解釈することは危険がともないます。

　例えば、教育水準などの特徴量から収入を予測するモデルを構築し、PDでモデルを解釈すると教育水準が上がるほど年収の予測値が増加する傾向が見られたとします。これをモデルの振る舞いとして解釈する限りにおいては問題ありませんが、「教育水準が上がると年収が増加する傾向がある」という因果関係として解釈することは危険です。もしも、より能力の高い人がより高い水準の教育を受ける傾向があるとすれば、教育水準の違いによる年収の違いは教育の影響というよりはそもそもの能力の違いが反映されていることになるからです。この場合、同じ能力の人がより高い水準の教育を受けても年収は影響しないことになります。

　もちろん、これは1つの仮説にすぎませんが、このように、解釈手法の結果を因果関係として解釈するには、さまざまな仮説を考慮した上で解釈結果の妥当性を示す必要があります。また、このような因果関係をより厳密に調査する手法として、因果推論と呼ばれる手法が開発されています。あくまで機械学習の解釈手法は因果関係の仮説構築のために用いて、因果関係の証明は、実験を重ねたり、より厳密な因果推論の手法を使うという棲み分けが必要だと筆者は考えています。

　このように、機械学習の解釈手法は比較的安全な使い方からよりアグレッシブな使い方までいくつかの段階があります。分析者は、リスクを意

識しながら解釈手法を利用することで、解釈手法からより多くの恩恵を受けることができます。

1.5 本書の構成

これまで述べたように、本書はPFI, PD, ICE, SHAPという4つの機械学習の解釈手法について解説していきます。本書の構成は以下です。

- 1章 機械学習の解釈性とは
- 2章 線形回帰モデルを通して「解釈性」を理解する
- 3章 特徴量の重要度を知る〜Permutation Feature Importance〜
- 4章 特徴量と予測値の関係を知る〜Partial Dependence〜
- 5章 インスタンスごとの異質性をとらえる〜Individual Conditional Expectation〜
- 6章 予測の理由を考える〜SHapley Additive exPlanations〜
- 付録A Rによる分析例〜tidymodelsとDALEXで機械学習モデルを解釈する〜
- 付録B 機械学習の解釈手法で線形回帰モデルを解釈する

まず、2章で線形回帰モデルについて解説します。線形回帰モデルが持つ重要な解釈性を4つ紹介し、PFI, PD, ICE, SHAPがブラックボックスモデルにも同様の解釈性を与えることに言及します。

3章では特徴量の重要度を求める手法であるPFIについて解説します。PFIはモデルの大まかな振る舞いを知ることができるので、まず第一に利用するべき解釈手法です。

4章ではPDについて解説します。モデルの予測に強い影響を与えている特徴量を特定したら、次はその特徴量とモデルの予測値の関係を知る必要があります。PDを利用することで、特徴量と予測値には正負のどちらの相関があるのか、関係は線形か非線形かといった情報が得られます。

続く5章ではPDと密接に関係するICEを紹介します。PDでは特徴量と

モデルの予測値の平均的な関係を見ていましたが、ICEはインスタンスごとの異質性をとらえることができます。PDではモデルをうまく解釈できないケースを示し、その場合もICEで適切な解釈性を付与できることを確認します。

最後に、6章ではSHAPについて解説します。SHAPを用いることで、インスタンスごとに「なぜモデルはこのような予測を行ったのか」という予測の理由を知ることができます。

本書はPython[*8]を用いてアルゴリズムの実装とデータの分析を行いますが、Pythonと並んでデータ分析の利用頻度が高い言語としてR[*9]が挙げられます。付録Aでは、Rユーザに向けてRを用いて機械学習モデルを構築し解釈する方法を紹介します。

付録Bでは、線形回帰モデルをあえて機械学習の解釈手法を通して解釈します。その解釈結果が線形回帰モデルがもともと備えている解釈と整合的であることを示し、機械学習の解釈手法の妥当性を確認します。

1.6 本書に書いていること、書いていないこと

本書はPFI, PD, ICE, SHAPという4つの機械学習の解釈手法に注目して解説を行います。いきなり実装済みのパッケージを用いるのではなく、解釈手法をゼロから実装することでアルゴリズムの理解を促します。また、解釈手法を実用する際の注意点についても言及します。

一方で、本書ではカバーしきれていない内容も多くあります。

- PFI, PD, ICE, SHAP以外の機械学習の解釈手法
  - その他の機械学習の解釈性についてより網羅的に学びたい読者はMolnar(2019)を参考にしてください
- 画像認識や自然言語処理
  - 本書はテーブルデータに対する解釈手法に特化しており、画像認識

---

*8　https://www.python.org/.
*9　https://www.r-project.org/.

や自然言語処理に特化した解釈手法についてはふれていません

- 統計学や機械学習の理論面
  - 本書は期待値などの基礎的な統計学の知識はあるものとして書かれています。必要であれば統計学の入門書を参照してください[*10]
  - 統計学や機械学習の理論面についても踏み込んでいません。興味のある読者は専門書や論文を参照してください[*11]
- 予測精度を向上させるためのテクニック
  - 例えば、ハイパーパラメータのチューニングやクロスバリデーションの分割手法などは解説していません[*12]
- 因果推論
  - 機械学習による分析結果を因果関係として解釈することには危険がともないます。本書でも部分的に解説しますが、詳細は因果関係の体系的な専門書で学ぶことをお勧めします[*13]
- Pythonとデータ分析用パッケージの解説
  - 本書ではPythonを用いて解釈手法の実装とデータ分析を行っています。本書はPythonそのものとnumpyやpandasなどデータ分析系パッケージの基本的な知識があることを前提としているので、不慣れな読者は公式ドキュメントや入門書などで補完してください[*14]

本書では、4つの機械学習の解釈手法に焦点を当てるため、上記の内容の解説は省略しています。もちろん、解釈手法の理解に必要な部分に関しては丁寧に記述しており、解説とコードを追えば各手法を理解できる構成

[*10] 確率や統計を含む数理モデリングの入門書として、浜田 (2018) とその続編である浜田 (2020) が対話形式で分かりやすく書かれています。

[*11] 例えば、数理統計学について興味ある読者は竹村 (2020)、久保川 (2017)、Casella and Berger(2001) を、線形回帰モデルについては Hansen(2021) を、機械学習については Hastie, Tibshirani and Friedman(2009) を参照してください。

[*12] これら予測精度改善のためのテクニックは門脇他 (2019) にまとまっています。

[*13] 因果推論の考え方を学べる入門書としては、中室・津川 (2017) から入り、安井 (2019) に進むことをお勧めします。

[*14] Python の入門書としては陶山 (2020) が優れています。numpy や pandas などのパッケージは、公式ドキュメントがよくまとまっているので適宜参照いただくことを推奨します。
  - numpy：https://numpy.org/doc/
  - pandas：https://pandas.pydata.org/docs/
  - scikit-learn：https://scikit-learn.org/stable/
  - seaborn：https://seaborn.pydata.org/

になっています。

1.7 本書で用いる数式の記法

　本書で用いる数式の記号・記法について本節でまとめます。いきなり本節だけを読んでもイメージがつかみにくいので、本書を読み進めていく中で不明な点が出れば、適宜本節に戻って参照してください。

1.7.1 確率変数と実測値

　確率変数には大文字を用います。目的変数に Y を、説明変数（特徴量）に X を用います。特徴量が複数個ある場合、各特徴量には添字を付けます。j 番目の特徴量には添え字 j を付け X_j とします。J 個の特徴量 $(X_1, \ldots, X_J)$ をまとめる場合は太字で $\mathbf{X}$ と表記します。さらに、$\mathbf{X}$ から X_j だけを取り除いたベクトルを $\mathbf{X}_{\backslash j} = (X_1, \ldots, X_{j-1}, X_{j+1}, \ldots, X_J)$ と表記します。

　特徴量や目的変数が実測値として観測された場合は小文字を用います。具体的には、インスタンス i の特徴量と目的変数をそれぞれ y_i と $\mathbf{x}_i = (x_{i,1}, \ldots, x_{i,J})$ と表記します。ここで、$i = 1, \ldots, N$ はインスタンスの番号を表す添字です。本書において、インスタンスとはデータのある一行を指します[*15]。例えば、個人粒度のデータであれば、インスタンス i は個人 i のデータになります。

　数式上では添字の i や j は 1 から始めていますが、Python のインデックスは 0 から始まります。Python コードを交えて説明を行っている場面では、Python のインデックスに揃えたほうが理解が容易なため、インスタンスを 0 から数えたり、特徴量の添字を (X_0, X_1, X_2) のように 0 から始めていることが多いので注意して下さい。

　また、変数の値を直接指定する場合も小文字を用います。例えば、関数

[*15] 本書において、ほとんどの場合インスタンスはデータのある 1 行を指す意味で用います。ただし、Python コードの説明の際に、「PartialDependence クラスのインスタンスを作成する」のように、クラスを実体化させたものをインスタンスと呼ぶこともあります。

$f(X)$ で $X = x$ の場合の出力を $f(x)$ と表記します。期待値の計算などで関数 $f(X)$ を積分する場合も同様に小文字を利用します。

$$\int f(x)p(x)dx$$

ここで、確率変数 X が従う確率密度関数を $p(x)$ としています。

1.7.2 期待値と分散

確率変数 X の期待値、分散はそれぞれ $\mathbb{E}[X]$ と $\mathrm{Var}[X]$ で表します。また、確率変数 (X_1, X_2) の共分散は $\mathrm{Cov}[X_1, X_2]$ とします。さらに $X_2 = x_2$ で条件付けたときの X_1 の条件付き確率密度関数は $p(x_1 \mid x_2)$ とします。$X_2 = x_2$ で条件付けた X_1 の条件付き期待値を $\mathbb{E}[X_1 \mid X_2 = x_2]$ とします。通常の期待値と条件付き期待値はそれぞれ以下を計算しています。

$$\mathbb{E}[X] = \int xp(x)dx,$$
$$\mathbb{E}[X_1 \mid X_2 = x_2] = \int x_1 p(x_1 \mid x_2)dx_1$$

1.7.3 確率分布

確率変数が特定確率分布に従うことを $\sim$ で表現します。例えば、確率変数 X が平均 μ、分散 σ^2 の正規分布 $\mathcal{N}(\mu, \sigma^2)$ に従う場合は以下のように表記します。

$$X \sim \mathcal{N}(\mu, \sigma^2)$$

正規分布以外に本書で利用する確率分布は、一様分布とベルヌーイ分布です。区間 $[a, b]$ の一様分布を $\mathrm{Uniform}(a, b)$ と表記し、成功確率 p のベルヌーイ分布を $\mathrm{Bernoulli}(p)$ と表記します。

1.7.4　線形回帰モデル

線形回帰モデルのパラメータ（回帰係数）は β とし、ノイズを ϵ とします。例えば、特徴量が3つの線形回帰モデルは

$$Y = \beta_0 + \beta_1 X_1 + \beta_2 X_2 + \beta_3 X_3 + \epsilon$$

と表記します。実測値から回帰係数を求めた場合、その推定値は $\hat{\beta}$ を使って表現します[*16]。特徴量の場合と同様、複数の特徴量に対する回帰係数をまとめる場合は $\hat{\boldsymbol{\beta}}$ のように太字で表現します。

1.7.5　集合

集合は $\mathcal{S}$ のようにカリグラフィーフォントで表します。$|\mathcal{S}|$ は集合の要素の数を表します。$\mathcal{S} = \{1, 2, 3\}$ の場合は $|\mathcal{S}| = 3$ です。$\emptyset$ は空集合を表します。なお、$|\emptyset| = 0$ です。集合の包含関係は $\mathcal{S} \subseteq \mathcal{J}$ で表します。包含関係とは、$\mathcal{S}$ に所属する要素はすべて $\mathcal{J}$ にも存在することを意味します。最後に、和集合は $\cup$ で表します。

本書で用いる数式の記号・記法とその説明を表1.1にまとめます。

▼表1.1／本書で用いる記号・記法の意味

記号・記法	記号・記法の意味
$i = 1, \ldots, N$	インスタンスの番号を表す添字
$j = 1, \ldots, J$	特徴量の番号を表す添字
Y	目的変数
$\mathbf{X} = (X_1, \ldots, X_J)$	特徴量
y_i	インスタンス i の目的変数の実測値
$\mathbf{x}_i = (x_{i,1}, \ldots, x_{i,J})$	インスタンス i の特徴量の実測値
$p(x)$	確率密度関数
$p(x_1 \mid x_2)$	条件付き確率密度関数

[*16] 本書では、$\hat{\beta}$ は実測値から計算された推定値（estimate）として扱います。パラメータを推定するためのルールである推定量（estimator）ではないことに注意してください。

記号・記法	記号・記法の意味
$\mathbb{E}[X]$	X の期待値
$\mathrm{Var}[X]$	X の分散
$\mathrm{Cov}[X_1, X_2]$	X_1 と X_2 の共分散
$\mathcal{N}, \mathrm{Uniform}, \mathrm{Bernoulli}$	正規分布、一様分布、ベルヌーイ分布
$\boldsymbol{\beta} = (\beta_1, \ldots, \beta_J)$	線形回帰モデルの回帰係数
$\hat{\boldsymbol{\beta}} = (\hat{\beta}_1, \ldots, \hat{\beta}_J)$	線形回帰モデルの回帰係数の推定値
ϵ	線形回帰モデルのノイズ項
$\mathcal{S}$	集合
$|\mathcal{S}|$	集合の要素の数

1.8 ▶ 本書のコードを実行するための Python 環境

本書に掲載しているコードは、GitHub 上に BSD 3.0 ライセンスで公開しています。

https://github.com/ghmagazine/ml_interpret_book/

また、本書で用いた Python 環境は poetry[*17] を用いて構築しています。環境構築の詳細は上記のサポートサイトをご確認ください。Python のバージョン並びに主に利用しているパッケージのバージョンは以下です。Python コードの実行環境としては Jupyter Notebook を利用しています。

```
[tool.poetry.dependencies]
python = "^3.8"
jupyter = "^1.0.0"
jupyterlab = "^3.0.14"
numpy = "^1.20.2"
pandas = "^1.2.4"
matplotlib = "^3.4.1"
```

＊17 https://python-poetry.org/docs/

```
seaborn = "^0.11.1"
scikit-learn = "^0.24.1"
shap = "^0.39.0"
japanize-matplotlib = "^1.1.3"
statsmodels = "^0.12.2"
```

　機械学習の解釈手法の進歩は極めて早く、パッケージの開発も日進月歩で進んでいます。バージョンが異なると本書で利用しているパッケージの使用方法が本書執筆時点と異なる場合がありますので、ご注意ください。

参考文献

- Howard, Jeremy, and Sylvain Gugger. "Deep Learning for Coders with fastai and PyTorch." O'Reilly Media (2020).
- Hastie, Trevor, Robert Tibshirani, and Jerome Friedman. "The elements of statistical learning: data mining, inference, and prediction." Springer Science & Business Media (2009).
- 門脇大輔, 阪田隆司, 保坂桂佑, 平松雄司. 「Kaggle で勝つデータ分析の技術」. 技術評論社. (2019).
- 浜田宏. 「その問題、数理モデルが解決します」. ベレ出版. (2018).
- 浜田宏. 「その問題、やっぱり数理モデルが解決します」. ベレ出版. (2020).
- 竹村彰通. 「新装改訂版 現代数理統計学」. 学術図書出版社. (2020)
- 久保川達也. 「現代数理統計学の基礎」. 共立出版. (2017).
- Casella, George, and Roger L. Berger. "Statistical inference." Cengage Learning. (2001).
- 陶山嶺. 「Python実践入門——言語の力を引き出し、開発効率を高める」. 技術評論社. (2020).
- 中室牧子, 津川友介. 「「原因と結果」の経済学———データから真実を見抜く思考法」. ダイヤモンド社. (2017).
- 安井翔太. 「効果検証入門〜正しい比較のための因果推論／計量経済学の基礎」. 技術評論社. (2019).
- Hansen, Bruce E. "Econometrics." (2021). https://www.ssc.wisc.edu/~bhansen/econometrics/.
- Molnar, Christoph. "Interpretable machine learning. A Guide for Making Black Box Models Explainable." (2019). https://christophm.github.io/interpretable-ml-book/.

2章

線形回帰モデルを通して「解釈性」を理解する

　本章では、回帰問題に対する代表的なモデルである線形回帰モデルについて説明します。回帰問題とは目的変数が連続値の場合に予測を行うタスクで、具体的には住宅価格の予測、年収の予測、需要予測などが挙げられます。線形回帰モデルは典型的なホワイトボックスモデルであり、極めて解釈性が高いことが知られています。また、線形回帰に関しては長年の研究成果、実務での応用経験が蓄積されており、モデルの振る舞いについて非常に多くのことが分かっています。

　本章では、まず線形回帰モデルを紹介し、次に実データの分析を通じて線形回帰モデルを解釈する方法について見ていきます。最後に、ブラックボックスモデルであるRandom Forestとの予測精度を比較します。線形回帰モデルはブラックボックスモデルと比較すると予測精度で劣ることを示したあと、ブラックボックスモデルを解釈できる手法が有用であることを論じます。

2.1 線形回帰モデルの導入

この節では、線形回帰モデルについて必要最低限の説明を行います[*1]。まずは本書における回帰問題の設定を紹介し、次に線形回帰モデルではそれをどのように扱うかについて説明します[*2]。最後に、実際に観測された実測データに対してどのように線形回帰モデルを適用するかを解説します。

2.1.1 回帰問題と線形回帰モデル

住宅価格の予測や年収の予測など、目的変数 Y が連続値である予測タスクを**回帰問題**と呼びます。回帰問題に取り組むために、特徴量 X と目的変数 Y の関係を表す関数 $f(X)$ を推定するアルゴリズムが機械学習モデルです。実際のデータでは、目的変数 Y の値は特徴量 X によって確定するのではなく、さらにノイズも含めて観測されるとするのが自然です[*3]。よって、本書では目的変数、特徴量、ノイズの関係を以下のように表現します。

$$Y = f(X) + \epsilon$$

ここで、ϵ はノイズを表しています。

前述のように、機械学習モデルで解きたい問題は、目的変数 Y をうまく予測できるように関数 $f(X)$ を推定することです。関数 $f(X)$ を推定する際に、複雑な関係を想定するのではなく、以下のような単純な線形性を仮定するモデルを**線形回帰モデル**と呼びます。

$$Y = \alpha + \beta X + \epsilon$$

[*1] 本書では、線形回帰モデルの理論面に関して詳細には踏み込みません。線形回帰モデルに興味のある読者は Hansen(2021) をご確認ください。

[*2] 本書は回帰問題を題材として機械学習の解釈手法を解説しますが、本書で紹介する手法はすべて分類問題に対しても適用できます。ここで、分類問題とは、例えば画像に写っている動物が犬か猫かを予測するようなタスクになります。

[*3] 「たまたま高い値になった」という確率的な変動や、モデルに含めた特徴量 X だけでは考慮できていない要素による変動を、本書ではノイズと呼ぶことにします。

ここで、 (α, β) は**回帰係数**と呼ばれています。図2.1は線形回帰モデルのイメージを図示したものになります。横軸には特徴量 X が、縦軸には目的変数 Y がとられています。 X と Y には線形の関係があることが見てとれます。また、 α は切片を、 β は傾きを表現していると解釈できます。実測値であるひとつひとつの点は直線上には乗っておらず、この誤差の部分がノイズ ϵ となります。

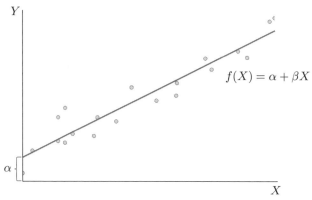

■ **図 2.1 ／単回帰モデル**

この線形回帰モデルにおいては、 X が1単位増加すると Y が β だけ大きくなる、という単純な関係が見てとれます。このように、線形性を仮定したおかげで、モデルの入力と出力の関係は極めて解釈しやすいものとなっています。これが線形回帰モデルの利点です。

このような、1つの特徴量で目的変数を予測する線形回帰モデルは**単回帰モデル**と呼ばれています。線形回帰モデルは同時に複数の特徴量を考慮することもでき、こちらは**重回帰モデル**と呼ばれています。例えば、3つの特徴量 (X_1, X_2, X_3) を考慮する重回帰モデルは以下のように表現できます。

$$Y = \beta_0 + \beta_1 X_1 + \beta_2 X_2 + \beta_3 X_3 + \epsilon$$

切片に対応する回帰係数を α ではなく β_0 として表記していますが、表記を統一的にするためで意味的な変化はありません。回帰係数 $(\beta_1, \beta_2, \beta_3)$ は、3つの特徴量 (X_1, X_2, X_3) がそれぞれ1単位増加したとき

に Y がどのくらい大きくなるかを表現しています。

さらに一般的に、J 個の特徴量 $(X_1, \ldots, X_J)$ を用いて目的変数 Y を予測するモデルを考えると、以下のように表現できます。

$$Y = \beta_0 + \beta_1 X_1 + \cdots + \beta_J X_J + \epsilon$$
$$= \beta_0 + \sum_{j=1}^{J} \beta_j X_j + \epsilon$$

表記をより単純にするために行列表記を用いることもできます。J 個の特徴量 $(X_1, \ldots, X_J)$ をまとめた $J \times 1$ 行列 $\mathbf{X}$ と、対応する回帰係数 $(\beta_1, \ldots, \beta_J)$ をまとめた $J \times 1$ 行列 $\boldsymbol{\beta}$ を用意しておきます。

行列表記を用いると、線形回帰モデルはよりコンパクトに

$$Y = \beta_0 + \mathbf{X}^\top \boldsymbol{\beta} + \epsilon$$

と表現できます。ここで、$\mathbf{X}^\top$ は $\mathbf{X}$ の転置行列を表していて、

$$\mathbf{X}^\top \boldsymbol{\beta} = \begin{pmatrix} X_1 \cdots X_J \end{pmatrix} \begin{pmatrix} \beta_1 \\ \vdots \\ \beta_J \end{pmatrix} = \beta_1 X_1 + \cdots + \beta_J X_J$$

という計算が行われています。この場合も、先ほどと同様に、回帰係数 β_0 は切片を、回帰係数 $\boldsymbol{\beta} = (\beta_1, \ldots, \beta_J)$ はそれぞれの特徴量が1単位増加したときに Y がどのくらい大きくなるかを表現しています。

2.1.2　最小二乗法による回帰係数の推定

ここまではモデルの世界の話でしたが、実際にこの線形回帰を用いて予測と解釈を行う場合は、データにうまく当てはまるような回帰係数 $\boldsymbol{\beta}$ を推定する必要があります。データにうまく当てはまるパラメータを推定する手法はいくつか提案されていますが、ここでは最も単純な最小二乗法 (Ordinary Least Squares：OLS) について説明します。

一般的な状況として、インスタンスが N 個ある状況を考えます[*4]。デー

[*4]　統計学系の分野ではサンプルサイズが N であると言った方が分かりやすいかもしれません。

タのひとつひとつのインスタンスを $i = 1, \ldots, N$ で表します。図2.2にあるように、インスタンスとは、特徴量の行列のある1行を指します。実際に観測されたインスタンス i の J 個の特徴量を $\mathbf{x}_i = (x_{i,1}, \ldots, x_{i,J})$、目的変数を y_i と表記します。

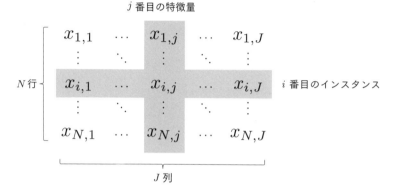

■ **図 2.2**／観測された特徴量の行列

このとき、最小二乗法では実測値 y_i と予測値の平均二乗誤差が最小になるような回帰係数 $(\hat{\beta}_0, \hat{\boldsymbol{\beta}})$ を計算します。ここで、$\hat{\boldsymbol{\beta}} = (\hat{\beta}_1, \ldots, \hat{\beta}_J)$ です。

$$\left(\hat{\beta}_0, \hat{\boldsymbol{\beta}}\right) = \arg\min_{(b_0, \mathbf{b})} \frac{1}{N} \sum_{i=1}^{N} \left(\underbrace{y_i}_{\text{実測値}} - \underbrace{\left(b_0 + \mathbf{x}_i^\top \mathbf{b}\right)}_{\text{予測値}} \right)^2$$

この式は、適切な b_0 と $\mathbf{b} = (b_1, \ldots, b_J)$ を選択することで、平均二乗誤差 $\frac{1}{N} \sum_{i=1}^{N} \left(Y_i - \left(b_0 + \mathbf{x}_i^\top \mathbf{b}\right)\right)^2$ を最小化することを意味しています。そして、平均二乗誤差を最小にするような回帰係数を $(\hat{\beta}_0, \hat{\boldsymbol{\beta}})$ と表記しています。

このように、最小二乗法を用いて、N 組の実測値 $\{(y_i, \mathbf{x}_i)\}_{i=1}^{N}$ から回帰係数 $(\hat{\beta}_0, \hat{\boldsymbol{\beta}})$ が推定できれば、インスタンス i に対する予測値 $\hat{y}_i$ を計算できます。

$$\hat{y}_i = \hat{\beta}_0 + \mathbf{x}_i^\top \hat{\boldsymbol{\beta}}$$

　ここから、学習済みの線形回帰モデルに関して、$x_{i,j}$ が1単位増加すると、予測値 $\hat{y}_i$ が $\hat{\beta}_j$ だけ大きくなるという関係が見てとれます。

2.2 線形回帰モデルが備える解釈性

　複雑なブラックボックスモデルと比較して、線形回帰モデルは4つの重要な解釈性を備えています。

1. 特徴量と予測値の平均的な関係が解釈できる
2. 特徴量と予測値のインスタンスごとの関係が解釈できる
3. 特徴量の重要度が解釈できる
4. インスタンスごとの予測の理由が解釈できる

以降で、ひとつひとつの解釈性について説明していきます。

2.2.1 特徴量と予測値の平均的な関係

　線形回帰モデルの重要な解釈性の1つとして、**特徴量と予測値の関係が明らか**であることが挙げられます。具体的に、線形回帰モデル

$$f(X_1, X_2, X_3) = \beta_0 + \beta_1 X_1 + \beta_2 X_2 + \beta_3 X_3$$

を例にとって考えます。

　この線形回帰モデルでは、特徴量 (X_1, X_2, X_3) が1単位増加した場合に、予測値はそれぞれ $(\beta_1, \beta_2, \beta_3)$ だけ大きくなります。つまり、回帰係数 $(\beta_1, \beta_2, \beta_3)$ を見ることで、特徴量と予測値の関係を完全に把握することができます。ここで重要なこととして、この線形回帰モデルにおいて、特徴量が1単位大きくなった際に予測値に与える影響は、すべてのインスタンスで同一です。例えば、特徴量 X_1 が1単位大きくなると、予測値は β_1 大きくなるという関係はすべてのインスタンスで共通しています。その意味で、上記の線形回帰モデルにおいて、回帰係数は**特徴量とモデルの**

予測値の（インスタンスごとではない）平均的な関係を解釈していると言えます。

2.2.2 特徴量と予測値のインスタンスごとの関係

X に対して非線形なモデル

一方で、以下のような線形回帰モデルを考えてみましょう。

$$f(X) = \beta_0 + \beta_1 X + \beta_2 X^2$$

新しいポイントとして、X^2 という二乗項が入っており、X に関して非線形なモデルとなっています[*5]。図2.3では目的変数 Y と特徴量 X に二次関数の関係がある場合の線形回帰モデルのイメージを図示しています。横軸には特徴量 X が、縦軸には目的変数 Y がとられています。図2.1とは異なり、X と Y には非線形の関係があることが見てとれます。

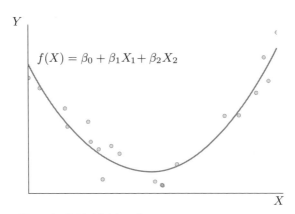

■ **図 2.3** ／二乗項を追加したモデル

[*5] 線形回帰モデルは回帰係数 β に関して線形になっていればよく、特徴量 X の線形性に関する制限はありません。例えば、$f(X) = \beta_0 + \beta_1 X + \beta_2 X^2 + \beta_3 X^3 + \beta_4 X^4$ のような多項式や、$f(X) = \beta_0 + \beta \log(X)$ のような対数、$f(X) = \beta_0 + \beta \sqrt{X}$ のような平方根を使った定式化も可能です。一方で、回帰係数 β に関しては線形である必要があります。例えば、$f(X) = \beta_0 X^\beta$ のような定式化は線形回帰モデルという枠組みでは扱えません。この場合は、非線形回帰モデルという枠組みを用いる必要があります。詳細は参考文献にある Hansen(2021) をご確認ください。

この例では、特徴量 X を二乗した X^2 を特徴量としてモデルに追加すれば、最小二乗法でパラメータを推定できます。このように、線形回帰モデルは、特徴量を変換してモデルの入力とすることで、ある程度非線形な関係をとらえることができます。

この線形回帰モデルの場合、X が 1 単位増加した際に予測値に与える影響は、上式を X で微分すると

$$\frac{\partial f(X)}{\partial X} = \beta_1 + 2\beta_2 X$$

で一階近似できます。つまり、X が 1 単位増加したときに予測値に与える影響は、X の水準にしたがって異なるモデルになっています。

具体的に、$(\beta_1, \beta_2) = (1, 2)$ とします。このとき、

- $X = 1$ のインスタンスでは、そこから X が 1 増加して 2 になったときの予測値の増加分は $1 + 2 \times 2 \times 1 = 5$
- $X = 10$ のインスタンスでは、そこから X が 1 増加して 11 になったときの予測値の増加分は $1 + 2 \times 2 \times 10 = 41$

となり、インスタンスごとに特徴量 X が予測値に与える影響が異なることが見てとれます。

交互作用

少し違う例として、以下のような線形回帰モデルを考えてみましょう。

$$f(X_1, X_2) = \beta_0 + \beta_1 X_1 + \beta_2 X_1 X_2$$

このモデルには $X_1 X_2$ という 2 つの特徴量の掛け算の項が入っています。これは**交互作用項**と呼ばれています。

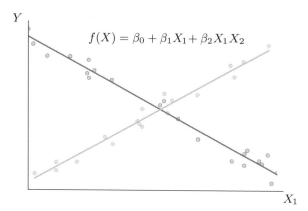

$$f(X) = \beta_0 + \beta_1 X_1 + \beta_2 X_1 X_2$$

■ **図 2.4**／交互作用項を追加したモデル

図2.4では交互作用があるようなデータに対する線形回帰モデルのイメージを図示しています。横軸には特徴量 X_1 が、縦軸には目的変数 Y がとられています。X_2 の水準によって、特徴量 X_1 と目的変数 Y の関係が右上がりの関係になったり右下がりの関係になったりすることが示されています。

交互作用項があるモデルで、X_1 が1単位増加した場合に予測値に与える影響は、上式を X_1 で偏微分して

$$\frac{\partial f(X_1, X_2)}{\partial X_1} = \beta_1 + \beta_2 X_2$$

であることが分かります。つまり、インスタンスごとの X_2 の水準によって X_1 が1単位増加した場合に予測値に与える影響が異なるモデルになっています。

具体的に、$(\beta_1, \beta_2) = (1, 2)$ とします。このとき、

- $X_2 = 1$ のインスタンスでは X_1 が1増加したときの予測値の増加分は $1 + 2 \times 1 = 3$
- $X_2 = 10$ のインスタンスでは X_1 が1増加したときの予測値の増加分は $1 + 2 \times 10 = 21$

となり、こちらの例でもインスタンスごとに特徴量 X_1 の増加が予測値に

与える影響が異なることが見てとれます。

まとめると、線形回帰モデルは**特徴量と予測値のインスタンスごとの関係を解釈できる**ことが分かりました。

2.2.3　特徴量の重要度

回帰係数による特徴量の重要度比較

次のような線形回帰モデルを考えます。

$$f(X_1, X_2, X_3) = \beta_0 + \beta_1 X_1 + \beta_2 X_2 + \beta_3 X_3$$

繰り返しになりますが、このモデルにおいて、特徴量 (X_1, X_2, X_3) が1単位増加した場合に予測値はそれぞれ $(\beta_1, \beta_2, \beta_3)$ だけ大きくなります。この性質を利用すると、「特徴量が1単位増加したときに予測値に与える影響」をもって、モデルにおける特徴量の重要度を定義できそうです。

例えば、 $(\beta_1, \beta_2, \beta_3) = (0, 1, 10)$ の場合、特徴量が1単位変化したときに予測値が最も大きく動くのは X_3 です。一方で、 X_1 がどんなに動いても予測値にはまったく影響がありません。この場合、特徴量 X_1 はモデルにとってまったく重要ではなく、一方で特徴量 X_3 はモデルにとって重要な特徴量であると考えられます。

ただし、回帰係数 β はあくまで「特徴量が1単位増加したときに予測値に与える影響」を表していることには注意が必要です。特徴量ごとに「1単位」の意味が大きく異なるケースでは、単純に回帰係数の大きさを比較して特徴量の重要度とみなすのは危険な場合があります。

特徴量のスケールが異なる場合

例えば、以下のような前職年収と現職の経験年数から現職の年収を予測する線形回帰モデルを考えます。

現職年収予測値（万円）＝ $1 \times$ 前職年収（万円）＋ $100 \times$ 現職経験年数

このとき、回帰係数だけを見ると現職の経験年数は前職年収の 100 倍の大きさがあります。では、現職の年収を予測する際に、現職の経験年数は

前職年収よりも100倍重要なのでしょうか？

結論からいうと、その可能性は低いと考えられます。前職年収は500万円の人もいれば1,000万円の人もいるので、非常に広いレンジに値が散らばっています。一方で、経験年数は数年から長くても数十年と、相対的に狭いレンジに値がまとまっています。このように、特徴間でスケールが異なる場合は、同じように「特徴量が1単位増加した場合の効果」を見ても、「1単位」のスケールが異なり、正当な比較は難しくなります。

もう少し一般的に言うと、線形回帰モデルにおいて、特徴量を a 倍するとその特徴量の回帰係数は $1/a$ 倍されます。例として、以下の単回帰モデルを考えましょう。

$$f(X) = \alpha + \beta X$$

ここで、特徴量 X を100倍してモデルに入力すると

$$f(X) = \alpha + \left(\frac{\beta}{100}\right)(100X) = \alpha + \beta'(100X)$$

となり、回帰係数 β' は元の回帰係数 β と比較して100分の1に小さくなります。このように、線形回帰モデルの係数を横並びに比較する際には、「特徴量が1単位変化する」意味について注意が必要です。この問題を解決する手法の1つに特徴量の**標準化 (standardization)** があります。

特徴量の標準化

特徴量の単位をある基準で統一し、回帰係数の比較からスケールの影響を取り除く手法の1つとして標準化があります。標準化とは、各特徴量について、各特徴量の平均を引いて標準偏差で割ることで、特徴量を平均0標準偏差1の特徴量として再定義するというものです。

$$\tilde{x}_i = \frac{x_i - \bar{x}}{\widehat{SD}(x)}$$

ここで、$\bar{x}$ は平均、$\widehat{SD}(x)$ は標準偏差 (Standard Error) を表しており、それぞれ以下で計算できます。

$$\bar{x} = \frac{1}{N} \sum_{i=1}^{N} x_i,$$

$$\widehat{SD}(x) = \sqrt{\frac{1}{N} \sum_{i=1}^{N} (x_i - \bar{x})^2}$$

このような標準化を行った特徴量をモデルの入力に用いると、推定された回帰係数は、どの特徴量の回帰係数においても「特徴量を1標準偏差だけ変化させた場合に予測値に与える影響」という意味に統一されます。よって、特徴量のスケールの問題に惑わされることなく回帰係数の比較が可能になり、回帰係数の大きさを特徴量の重要度として考えることができるようになります。

　まとめると、線形回帰モデルは、特徴量のスケールに注意しながら回帰係数の（絶対値としての）大きさを見ることで、**モデルの予測にどの特徴量がより強く影響するのかを知ることができます。**

2.2.4 インスタンスごとの予測の理由

　最後に、線形回帰モデルはインスタンスごとの予測の理由が解釈できることを確認します。

　以下のような、前職年収と現職の経験年数から現職の年収を予測する学習済みの線形回帰モデルを考えます。

現職年収（万円）$_i = 1 \times$ 前職年収（万円）$_i + 100 \times$ 現職経験年数$_i$

　例えば、インスタンス1では前職年収は500万円、現職経験年数が5年で、そこから現職年収は1,000万だと予測していたとします。このとき、なぜモデルがこのような予測値を出したかは、以下のように回帰係数とインスタンス1の特徴量の値から完全に分解することができます。

$$\underbrace{\text{現職年収（万円）}_1}_{=1000} = 1 \times \underbrace{\text{前職年収（万円）}_1}_{=500} + 100 \times \underbrace{\text{現職経験年数}_1}_{=5}$$

　この例では、前職年収が500万円であり、そこに現職の経験年数5年に

よる昇給500万円が追加されて、現職年収の予測値が1,000万円になっていることが分かります。

　同様に、インスタンス2では前職年収は300万円、現職経験年数が2年で、そこから現職年収は500万だと予測していたとします。

$$\underbrace{現職年収（万円）_2}_{=500} = 1 \times \underbrace{前職年収（万円）_2}_{=300} + 100 \times \underbrace{現職経験年数_2}_{=2}$$

　こちらの例では、前職年収が300万円であり、現職経験年数2年による昇給200万円が追加されて、現職年収の予測値が500万円となっていることが分かります。

　以上のように、線形回帰モデルでは、**インスタンスごとに「なぜこのような予測値を出したのか」という予測の理由を解釈できます**。

　本節では、線形回帰モデルは以下の4つの重要な解釈性を備えていることを確認しました。

1. 特徴量と予測値の平均的な関係
2. 特徴量と予測値のインスタンスごとの関係
3. 特徴量の重要度
4. インスタンスごとの予測の理由

　次節では、実データの分析を通して、これら4つの解釈性への理解を深めていきます。

2.3 実データでの線形モデルの分析

　抽象的な話が続いてしまったので、ここからは実際のデータで線形回帰モデルを用いた予測と解釈を行います。具体的なデータ分析を通じて、特徴量と予測値の平均的な関係、特徴量と予測値のインスタンスごとの関係、特徴量の重要度、予測の理由を線形回帰モデルが解釈できることを確認していきます。

2.3.1 データの読み込み

まずは本章を通して必要な関数を読み込みます。他の関数は必要に応じてimportしていきます。

なお、mliは本書で用いる関数やクラスを実装した自作パッケージです。visualizeモジュールにはmatplotlibの見た目を調整する設定が保存されています。

```python
import sys
import warnings
from dataclasses import dataclass
from typing import Any  # 型ヒント用
from __future__ import annotations  # 型ヒント用

import numpy as np
import pandas as pd
import matplotlib.pyplot as plt
import seaborn as sns
import japanize_matplotlib  # matplotlibの日本語表示対応

# 自作モジュール
sys.path.append("..")
from mli.visualize import get_visualization_setting

np.random.seed(42)
pd.options.display.float_format = "{:.2f}".format
sns.set(**get_visualization_setting())
warnings.simplefilter("ignore")  # warningsを非表示に
```

データはボストンの住宅価格データセットを利用します[6]。これはscikit-learnのdatasetsモジュールににデータセットとして準備されており、load_boston()関数で読み込むことができます。

---

[6] 機械学習で扱うデータにはセンシティブな情報が含まれたものも存在します。ステークホルダーへの説明や意思決定の際にはそうした配慮も念頭に置く必要があります。ボストンの住宅価格データセットにもこのような性質を持つ特徴量が含まれており、fairnessの観点から注意が必要な部分もあります。本書においては機械学習モデルのデータへの適用という視点でのみデータセットを用いています。ボストンの住宅価格データセットの出典は以下になります (https://archive.ics.uci.edu/ml/machine-learning-databases/housing/)。

```
from sklearn.datasets import load_boston


# データセットの読み込み
boston = load_boston()

# データセットはdictで与えられる
# dataに特徴量が、targetに目的変数が格納されている
X = pd.DataFrame(data=boston["data"], columns=boston["feature_names"])
y = boston["target"]
```

2.3.2 データの前処理

　予測したい目的変数は地域ごとの住宅価格の中央値です。まず第一に、目的変数の分布を確認しておきましょう

```
def plot_histogram(x, title=None, x_label=None):
    """与えられた特徴量のヒストグラムを作成"""

    fig, ax = plt.subplots()
    sns.distplot(x, kde=False, ax=ax)
    fig.suptitle(title)
    ax.set_xlabel(x_label)

    fig.show()


plot_histogram(y, title="目的変数の分布", x_label="MEDV")
```

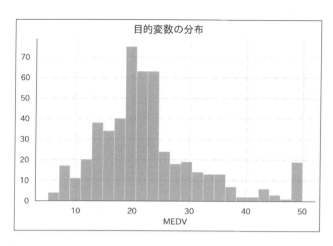

少し右に裾の長い分布になっていて、正規分布から少し歪んでいるように も見えます。このような場合は、目的変数の対数をとってから回帰モデル を当てはめると予測がうまくいく可能性がありますが、回帰係数の解釈が若 干複雑になるので、今回は対数をとらずそのまま利用することにします[7]。

また、50付近で分布の山が高くなっていることが分かります。これよ り大きい値はすべて50にまとめるような処理が入っていることが予想さ れます。ただ、このようなデータセット作成処理も含めたモデリングを考 えると、単純な線形回帰モデルを超えて、専用の回帰モデルを利用する必 要が出てきます[8]。本章では線形回帰モデルの性質を確認することに焦点 を当てるため、単純に線形回帰モデルを用いて分析を行うことにします。

このデータセットでは、住宅価格（の中央値）を予測するため、13個の 特徴量が用意されています。

```
# 特徴量を出力
X.head()
```

---

[7]　目的変数の対数をとる意味と、その場合の回帰係数の解釈については Hansen(2021) をご確認 ください。

[8]　ある閾値よりも大きい値はすべてその閾値にまとめてしまうような処理はトップコーティン グと呼ばれています。トップコーティングが行われたデータに対する回帰モデルとして、打 ち切り回帰モデル（Censored Regression Model）が知られています。打ち切り回帰モデルの詳 細は Hansen(2021) を確認してください。

	CRIM	ZN	INDUS	CHAS	NOX	RM	AGE	DIS	RAD	TAX	PTRATIO	B	LSTAT
0	0.01	18.00	2.31	0.00	0.54	6.58	65.20	4.09	1.00	296.00	15.30	396.90	4.98
1	0.03	0.00	7.07	0.00	0.47	6.42	78.90	4.97	2.00	242.00	17.80	396.90	9.14
2	0.03	0.00	7.07	0.00	0.47	7.18	61.10	4.97	2.00	242.00	17.80	392.83	4.03
3	0.03	0.00	2.18	0.00	0.46	7.00	45.80	6.06	3.00	222.00	18.70	394.63	2.94
4	0.07	0.00	2.18	0.00	0.46	7.15	54.20	6.06	3.00	222.00	18.70	396.90	5.33

　データセットの詳細は print(boston.DESCR) とすることで確認できます。変数名とその説明について下表にまとめます。

変数名	説明
CRIM	per capita crime rate by town
ZN	proportion of residential land zoned for lots over 25,000 sq.ft.
INDUS	proportion of non-retail business acres per town
CHAS	Charles River dummy variable (= 1 if tract bounds river; 0 otherwise)
NOX	nitric oxides concentration (parts per 10 million)
RM	average number of rooms per dwelling
AGE	proportion of owner-occupied units built prior to 1940
DIS	weighted distances to five Boston employment centres
RAD	index of accessibility to radial highways
TAX	full-value property-tax rate per $10,000
PTRATIO	pupil-teacher ratio by town¦
B	1000(Bk - 0.63)^2 where Bk is the proportion of blacks by town
LSTAT	% lower status of the population
MEDV	Median value of owner-occupied homes in $1000's

　本書で注目する特徴量は、

- 平均的な部屋の数：RM
- 地域の低所得層の割合：LSTAT
- 都心からの距離：DIS
- 犯罪率：CRIM

の4つになります。

　これらの特徴量に関して、目的変数である住宅価格の中央値 MEDV との関係を可視化しておきましょう。

```
def plot_scatters(X, y, title=None):
    """目的変数と特徴量の散布図を作成"""

    cols = X.columns
    fig, axes = plt.subplots(nrows=2, ncols=2)

    for ax, c in zip(axes.ravel(), cols):
        sns.scatterplot(X[c], y, ci=None, ax=ax)
        ax.set(ylabel="MEDV")

    fig.suptitle(title)

    fig.show()


plot_scatters(
    X[["RM", "LSTAT", "DIS", "CRIM"]],
    y,
    title="目的変数と各特徴量の関係"
)
```

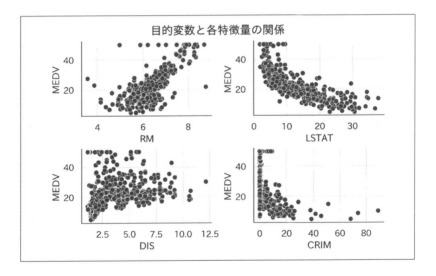

平均的な部屋の数RMが増えるほど住宅価格は高くなり、地域の低所得層の割合LSTATが増えるほど住宅価格が低くなっているという関係が見てとれます。また、都心からの距離DISが大きくなるほど住宅価格が高くなり[*9]、犯罪率CRIMが上がるほど住宅価格が低くなる傾向も見てとれます。

2.3.3 線形モデルの学習と評価

データを訓練データとテストデータに分割し、線形モデルの学習と予測を行います。まずはデータを分割します。データの80%を学習に用いる訓練データに、残りの20%を精度評価に用いるテストデータとします。

データの分割にはscikit-learnのmodel_selectionモジュールにあるtrain_test_split()関数を利用します。分割したデータは以降の分析でも使い回せるようにpickle形式で保存しておきましょう。

```python
from sklearn.model_selection import train_test_split
import joblib  # pickleデータの書き出しと読み込み


# 訓練データとテストデータに分割
X_train, X_test, y_train, y_test = train_test_split(
    X, y, test_size=0.2, random_state=42
)


# あとで使えるようにデータを書き出しておく
joblib.dump(
    [X_train, X_test, y_train, y_test],
    filename="../data/boston_housing.pkl"
)
```

```
['../data/boston_housing.pkl']
```

線形回帰モデルの学習を行います。ここではscikit-learnのlinear_model

モジュールにある`LinearRegression`クラスを利用しています[*10]。

　`fit()`メソッドに学習データを与えることで、線形回帰モデルの学習を行うことができます。

```
from sklearn.linear_model import LinearRegression


# 学習
lm = LinearRegression()
lm.fit(X_train, y_train)
```

```
LinearRegression()
```

　それでは、線形モデルの予測精度を確かめていきましょう。予測精度の評価指標はさまざまですが、本書では以下の2種類の指標を利用します。

- Root Mean Squared Error（RMSE）
- R^2（R-squared）

これら2つの評価指標を順に解説していきます。

Root Mean Squared Error

　回帰モデルの代表的な精度評価の指標としてRoot Mean Squared Error（RMSE）が挙げられます。

$$RMSE = \sqrt{MSE} = \sqrt{\frac{1}{N}\sum_{i=1}^{N}(y_i - \hat{y}_i)^2}$$

[*10]　sciki-learnの主な使用用途はあくまで予測であり、モデルの統計的な振る舞い、例えば回帰係数の信頼区間を知りたい場合はstatsmodelsなど別のパッケージを使う必要があります。逆に、statsmodelsにはRandom Forestなどの機械学習モデルが含まれていません。本書では統計的な推論には踏み込まないので、他の機械学習モデルと統一的に扱うことのできるscikit-learnを利用することにします。statsmodelsについては公式ドキュメントをご確認ください（https://www.statsmodels.org/stable/index.html.）

ここで、 y_i は目的変数の実測値、 $\hat{y}_i$ はモデルによる予測値を表します。

RMSEは平均的な予測誤差を表す指標です。例えば、年収予測モデルのRMSEが100万円だった場合、予測モデルは平均的には100万円の予測誤差を出していると解釈できます。よって、RMSEが小さいほど精度の高い予測できるモデルと言えます。

なお、RMSEは平均二乗誤差（Mean Squared Error：MSE）の平方根をとったものです。MSEは、誤差の平均をとる際にプラスとマイナスが相殺しないよう、誤差 $y_i - \hat{y}_i$ を二乗してから平均をとります。この二乗という操作によってMSEは目的変数とスケールが合わなくなっているので、RMSEではMSEの平方根をとることでスケールを合わせています。

線形回帰モデルの最小二乗法を思い出すと、MSEを最小化するような回帰係数を求めていました。MSEを最小化する回帰係数はRMSEも最小化するので、RMSEは線形回帰モデルが直接的に最小化している誤差となります。最小化したい目的関数と対応しているという意味で、RMSEは適切な評価指標と言えます。

R^2 (R-squared)

RMSEは便利な指標ですが、「モデルがデータをどの程度説明できているのか」を割合で示す指標もあると、予測精度をより正確に認識できます。そのための指標が R^2 です[11]。

$$R^2 = 1 - \frac{\sum_{i=1}^{N}\left(y_i - \hat{y}_i\right)^2}{\sum_{i=1}^{N}\left(y_i - \bar{y}\right)^2}$$

ここで、 $\bar{y}$ は目的変数の実測値の平均値です。

分数になっている $\sum_{i=1}^{N}\left(y_i - \bar{y}\right)^2 / \sum_{i=1}^{N}\left(y_i - \hat{y}_i\right)^2$ に注目すると、

- 分母の $\sum_{i=1}^{N}\left(y_i - \bar{y}\right)^2$ は単に目的変数の平均値で予測を行った場合の二乗誤差です。よって、「平均値では説明できなかった目的変数のばらつき」を表しています

---

[11] 決定係数（coefficient of determination）と呼ばれることもあります。

- 分子の $\sum_{i=1}^{N}(y_i - \hat{y}_i)^2$ はモデルを用いて予測を行った場合の二乗誤差です。よって、「モデルの予測では説明できなかった目的変数のばらつき」を表しています

　これを1から引いているので、R^2 は、ベースラインとしての「平均値による予測」と比べて、「モデルによる予測」によって予測誤差がどの程度改善しているかを表す指標です。言い換えると、平均値では説明できなかった目的変数のばらつきのうち、モデルの予測によってどの程度を説明できるようになったかを表しているということです。この意味で、R^2 はモデルがデータをどの程度説明できているのかを割合で示す指標と言えます。

　R^2 はモデルがデータをどの程度説明できているのかを表す指標なので、RMSEとは違い、大きいほど予測精度が高いモデルと言えます。なお、R^2 は基本的には0から1の間の値をとります。極端な例として、例えば、完全な予測ができている場合は第二項の分子が0になるので、$R^2 = 1$ となります。逆に、平均と同じくらいの精度でしか予測できない場合は $R^2 = 0$ となります。なお、あまり考えたくないことですが、単に平均で予測するよりも予測モデルの精度が悪い場合は、R^2 はマイナスとなります。

2.3.4　予測誤差の計算

　なお、予測精度の評価は基本的にテストデータで行います。実際に予測を行う状況を想像すると、学習に用いたデータではなく、新しく手に入ったまったく未知のデータに対して予測を行うはずです。よって、予測精度を正しく評価するためには、モデルの学習に用いていないテストデータで予測精度を評価する必要があります。

　それでは、実際にRMSEと R^2 を計算してみましょう。RMSE、R^2 ともにscikit-learnのmetricsモジュールに関数が実装されています。R^2 の計算にはr2_score()関数を、RMSEの計算にはmean_squared_error()関数の引数でsquared=Falseを指定して利用します。作成したregression_metrics()関数は他の章でも用いるので、mli.metricsモジュールに保存しておきます。

```python
from sklearn.metrics import mean_squared_error, r2_score


def regression_metrics(estimator, X, y):
    """回帰精度の評価指標をまとめて返す関数"""

    # テストデータで予測
    y_pred = estimator.predict(X)

    # 評価指標をデータフレームにまとめる
    df = pd.DataFrame(
        data={
            "RMSE": [mean_squared_error(y, y_pred, squared=False)],
            "R2": [r2_score(y, y_pred)],
        }
    )

    return df


# 精度評価
regression_metrics(lm, X_test, y_test)
```

	RMSE	R2
0	4.93	0.67

　RMSEは4.93で、R^2 は0.67となりました。RMSEを見ると、平均的には住宅価格の予測を4.93だけ外していていることが分かります。同様にR^2 を見ることで、平均では予測できなかった住宅価格のばらつきのうち約67%を予測できていることが見てとれます。

2.3.5 線形回帰モデルの解釈

特徴量と予測値の平均的な関係

　ここからは、モデルの振る舞いを解釈するため、回帰係数を確認してみましょう。Linear_Regressionクラスのインスタンスはcoef_として特徴量

の回帰係数が保存されています。また、intercept_で切片情報にもアクセスできます。作成したget_coef()関数は他の章でも用いるので、mli.utilityモジュールに保存しておきます。

```
def get_coef(estimator, var_names):
    """特徴量名と回帰係数が対応したデータフレームを作成する"""

    # 切片含む回帰係数と特徴量の名前を抜き出してデータフレームにまとめる
    df = pd.DataFrame(
        data={"coef": [estimator.intercept_] + estimator.coef_.tolist()},
        index=["intercept"] + var_names
    )

    return df


# 回帰係数の取り出し
df_coef = get_coef(lm, X.columns.tolist())
df_coef.T
```

	intercept	CRIM	ZN	INDUS	CHAS	NOX	RM	AGE	DIS	RAD	TAX	PTRATIO	B	LSTAT
coef	30.25	-0.11	0.03	0.04	2.78	-17.20	4.44	-0.01	-1.45	0.26	-0.01	-0.92	0.01	-0.51

前述のように、回帰係数は各特徴量が1単位だけ大きくなったときに住宅価格の予測値がどれだけ変化するかを表しています。例えば、平均的な部屋の数RMが1単位多くなると、住宅価格の予測値が4.44だけ大きくなることが見てとれます。また、低所得層の割合LSTATの回帰係数を確認すると、低所得層の割合が1単位増えるごとに住宅価格が0.51小さくなることが分かります。このように、線形回帰モデルは特徴量と予測値の平均的な関係を解釈できます。

インスタンスごとの特徴量と予測値の関係

低所得層の割合LSTATと住宅価格の関係を散布図で確認すると、非線形な関係が見てとれました。非線形性をモデルで表現する最も単純な方法は、元の特徴量を P 乗したものを特徴量に加えることです[*12]。今回は

＊12　この種の特徴量を加工する操作は、総じて「特徴量エンジニアリング」と呼ばれます。

LSTATの二乗したものを特徴量に追加してみます。

```
# 元のデータを上書きしないようにコピーしておく
X_train2 = X_train.copy()
X_test2 = X_test.copy()

# 二乗項を追加
X_train2["LSTAT2"] = X_train2["LSTAT"] ** 2
X_test2["LSTAT2"] = X_test2["LSTAT"] ** 2

# 学習
lm2 = LinearRegression()
lm2.fit(X_train2, y_train)

# 精度評価
regression_metrics(lm2, X_test2, y_test)
```

	RMSE	R2
0	4.22	0.76

　特徴量を追加することによって、予測精度が改善しました。例えば R^2 を見ると、0.67から0.76に改善しています。これは、平均値では予測できなかった住宅価格のばらつきを説明できる部分が67%から76%に約9ポイント増えたことを意味します。

　次に、回帰係数を確認してみましょう。

```
# 二乗項を追加した場合の回帰係数を出力
df_coef2 = get_coef(lm2, X_train2.columns.tolist())
df_coef2.T
```

	intercept	CRIM	ZN	INDUS	CHAS	NOX	RM	AGE	DIS	RAD	TAX	PTRATIO	B	LSTAT	LSTAT2
coef	40.16	-0.13	0.01	0.05	2.48	-15.91	3.44	0.02	-1.26	0.26	-0.01	-0.79	0.01	-1.72	0.03

　LSTATの回帰係数は − 1.72、LSTATの二乗項の回帰係数は0.03となっています。よって、LSTATが1単位大きくなったときに予測値に与える影響は

$$-1.72 + 2 \times 0.03 \times \text{LSTAT}$$

で一階近似できます。よって、LSTATが1単位増加した際に予測値に与えるマイナスの影響は、元々のLSTATの水準が高くなればなるほど（絶対値で見て）小さくなることが分かります。

```
# データを出力
X_test2.head()
```

	CRIM	ZN	INDUS	CHAS	NOX	RM	AGE	DIS	RAD	TAX	PTRATIO	B	LSTAT	LSTAT2
173	0.09	0.00	4.05	0.00	0.51	6.42	84.10	2.65	5.00	296.00	16.60	395.50	9.04	81.72
274	0.06	40.00	6.41	1.00	0.45	6.76	32.90	4.08	4.00	254.00	17.60	396.90	3.53	12.46
491	0.11	0.00	27.74	0.00	0.61	5.98	98.80	1.87	4.00	711.00	20.10	390.11	18.07	326.52
72	0.09	0.00	10.81	0.00	0.41	6.07	7.80	5.29	4.00	305.00	19.20	390.91	5.52	30.47
452	5.09	0.00	18.10	0.00	0.71	6.30	91.80	2.37	24.00	666.00	20.20	385.09	17.27	298.25

　各インスタンスのLSTATの値を確認すると、インスタンス274ではLSTATは3.53、インスタンス491では18.07となっています。それぞれのインスタンスでLSTATが1単位増加したときに予測値に与える影響を計算してみましょう。

```
def calc_lstat_impact(df, lstat):
    """LSTATが 1 単位増加したときに予測値に与える影響"""

    return (df.loc["LSTAT"] + 2 * df.loc["LSTAT2"] * lstat).values[0]

# インスタンス274の場合
i = 274
lstat = X_test2.loc[i, "LSTAT"]
impact = calc_lstat_impact(df_coef2, lstat)

print(f"インスタンス{i}でLSTATが1単位増加したときの効果(LSTAT={lstat:.2f})
：{impact:.2f}")
```

インスタンス274でLSTATが1単位増加したときの効果(LSTAT=3.53)：-1.48

```
# インスタンス491の場合
i = 491
lstat = X_test2.loc[i, "LSTAT"]
impact = calc_lstat_impact(df_coef2, lstat)

print(f"インスタンス{i}でLSTATが1単位増加したときの効果(LSTAT={lstat:.2f})
:{impact:.2f}")
```

インスタンス491でLSTATが1単位増加したときの効果(LSTAT=18.07):-0.50

　LSTATの水準が高いインスタンス491の方が、LSTATの水準が低いインスタンス274と比較して、LSTATが1単位増加したときの効果が(絶対値で見て)小さくなっています。これは、低所得者層の割合が高いインスタンスにおいては低所得者層の割合が増加したとしても予測値に与える影響が小さく、逆に低所得者層の割合が低いインスタンスにおいては低所得者層の割合が増加すると予測値に与える影響が大きいことを意味しています。
　このように、線形モデルではインスタンスごとに特徴量とモデルの予測値の関係を解釈できます。

特徴量の重要度
　あらためて、二乗項を追加していない線形回帰モデルの回帰係数を確認してみましょう。

```
# 回帰係数を出力
df_coef.T
```

	intercept	CRIM	ZN	INDUS	CHAS	NOX	RM	AGE	DIS	RAD	TAX	PTRATIO	B	LSTAT
coef	30.25	-0.11	0.03	0.04	2.78	-17.20	4.44	-0.01	-1.45	0.26	-0.01	-0.92	0.01	-0.51

　各特徴量の係数を見ると、酸化窒素濃度NOXの回帰係数が絶対値の意味で最も大きく、平均的な部屋の数RMがそれに続いています。それでは、NOXがモデルにとって最も重要な変数なのかと言うと、そうではありません。各特徴量で値がとり得る範囲が異なるので、「特徴量が1単位増加し

たとき」の意味合いが特徴量ごとに異なるためです。

```
# 特徴量ごとの値の範囲を知るため、最大値と最小値の差分を確認
df_range = pd.DataFrame(data={"range": X_train.max() - X_train.min()})
df_range.T
```

	CRIM	ZN	INDUS	CHAS	NOX	RM	AGE	DIS	RAD	TAX	PTRATIO	B	LSTAT
range	88.97	100.00	27.00	1.00	0.49	4.92	97.10	11.00	23.00	524.00	9.40	396.58	36.24

　訓練データで見ると、NOXは特徴量の最小値から最大値の幅が0.49しか
ありませんが、RMは4.92の幅があります。

　線形回帰モデルの係数を横並びに比較する際には、「特徴量が1単位変
化する」意味について注意が必要で、対応策として特徴量の標準化があり
ました。実際に標準化を行った特徴量を用いて線形モデルを学習してみま
しょう。

　標準化にはscikit-learnのpreprocessingモジュールにあるStandardScaler
クラスを用います。StandardScalerで訓練データの特徴量の平均と標準偏
差を保存し、それを用いて訓練データとテストデータの標準化を行いま
す[13]。

```
from sklearn.preprocessing import StandardScaler


# 訓練データから平均と分散を計算
ss = StandardScaler()
ss.fit(X_train)

# 標準化：平均を引いて標準偏差で割る
X_train_ss = ss.transform(X_train)
X_test_ss = ss.transform(X_test)

# 学習
lm_ss = LinearRegression()
lm_ss.fit(X_train_ss, y_train)
```

---

[13] テストデータは学習時点では「観測できない」設定のデータなので、平均や標準偏差の計算
　　　はあくまで訓練データだけで行う必要があります。

```
# 精度評価
regression_metrics(lm_ss, X_test_ss, y_test)
```

	RMSE	R2
0	4.93	0.67

　標準化は特徴量のスケールを変化させているだけなので、基本的に線形回帰モデルの予測精度には影響を及ぼしません。本題である回帰係数について見ていきましょう。

```
# 標準化された回帰係数を出力
df_coef_ss = get_coef(lm_ss, X_train.columns.tolist())
df_coef_ss.T
```

	intercept	CRIM	ZN	INDUS	CHAS	NOX	RM	AGE	DIS	RAD	TAX	PTRATIO	B	LSTAT
coef	22.80	-1.00	0.70	0.28	0.72	-2.02	3.15	-0.18	-3.08	2.25	-1.77	-2.04	1.13	-3.61

　回帰係数の大小関係に変化があります。標準化をした場合、低所得者層の割合LSTATの回帰係数が絶対値で見て最も大きくなりました。次に大きい係数は平均的な部屋の数RMであり、これらの変数が住宅価格を予測する上で重要な特徴量であることが示唆されています。

　以上のように、標準化を用いることで、回帰係数を「特徴量を1標準偏差だけ増加させた際に予測値に与える影響」という意味で統一的に扱うことができます。ただし、実務においては、特徴量を1単位動かす難易度やコストについては注意深く考える必要があります。たとえ回帰係数自体は大きくても、その特徴量を1単位動かすコストが相対的に高い場合は、回帰係数が小さくてもコストの安い特徴量を動かす方が、費用対効果は優れている可能性があるからです[14]。

---

[14] 例えば、テレビ広告とネット広告の量から製品の認知度を予測するモデルを作成したとします。この際、仮にテレビ広告の方が回帰係数が大きくても、一般にテレビCMに必要な費用はネット広告よりもはるかに大きいため、コストパフォーマンスを考えるとネット広告に軍配が上がる可能性があります。

予測の理由

最後に、ひとつひとつのインスタンスに対して、「線形回帰モデルがなぜこの予測値を出したのか」を解釈していきます。具体例として、テストデータからインスタンスを1つ取り出して予測してみましょう。

```python
# 先頭のインスタンスを取り出す
Xi = X_test.iloc[[0]]

print(f"インスタンス{Xi.index[0]}に対する予測値：{lm.predict(Xi)[0]:.2f}")
```

インスタンス173に対する予測値：29.00

このインスタンス173に対する線形回帰モデルの予測値は29となります。

なぜこのモデルはインスタンス173に対して29という予測結果を出しているのでしょうか？ 学習済み線形回帰モデルの回帰係数とインスタンス173の特徴量の値を確認することで、その理由が分かります。

```python
# 回帰係数を出力
df_coef.T
```

	intercept	CRIM	ZN	INDUS	CHAS	NOX	RM	AGE	DIS	RAD	TAX	PTRATIO	B	LSTAT
coef	30.25	-0.11	0.03	0.04	2.78	-17.20	4.44	-0.01	-1.45	0.26	-0.01	-0.92	0.01	-0.51

まず、回帰係数から、この学習済み線形回帰モデルは以下のように予測を行うことが見てとれます。

$$\hat{Y} = 30.25 - (0.11 \times \text{CRIM}) + (0.03 \times \text{ZN}) + (0.04 \times \text{INDUS})$$
$$+ (2.78 \times \text{CHAS}) - (17.20 \times \text{NOX}) + (4.44 \times \text{RM}) - (0.11 \times \text{AGE})$$
$$- (1.45 \times \text{DIS}) + (0.26 \times \text{RAD}) - (0.01 \times \text{TAX}) - (0.92 \times \text{PTRATIO})$$
$$+ (0.01 \times \text{B}) - (0.51 \times \text{LSTAT})$$

さらにインスタンス173の特徴量を確認します。

```
# インスタンス173の特徴量を出力
Xi
```

	CRIM	ZN	INDUS	CHAS	NOX	RM	AGE	DIS	RAD	TAX	PTRATIO	B	LSTAT
173	0.09	0.00	4.05	0.00	0.51	6.42	84.10	2.65	5.00	296.00	16.60	395.50	9.04

　よって、インスタンス173の予測値29は以下のように分解できることが分かります。

$$29 = 30.25 - (0.11 \times 0.09) + (0.03 \times 0.00) + (0.04 \times 4.05) + (2.78 \times 0.00)$$
$$- (17.20 \times 0.51) + (4.44 \times 6.42) - (0.01 \times 84.10) - (1.45 \times 2.65)$$
$$+ (0.26 \times 5.00) - (0.01 \times 296.00) - (0.92 \times 16.60) + (0.01 \times 395.50)$$
$$- (0.51 \times 9.04)$$

　例えばインスタンス173の平均的な部屋数RMは6.42部屋で、回帰係数は4.44なので、結果として予測値に約28.5のプラスの影響を与えていると言えます。実際に、インスタンス173に対して、各特徴量の値と回帰係数から求めた予測値への影響を求めてみます。

```
# 各特徴量の値x回帰係数
Xi * df_coef.drop("intercept").values.T
```

	CRIM	ZN	INDUS	CHAS	NOX	RM	AGE	DIS	RAD	TAX	PTRATIO	B	LSTAT
173	-0.01	0.00	0.16	0.00	-8.77	28.48	-0.53	-3.83	1.31	-3.15	-15.20	4.88	-4.60

　インスタンス173の予測値に対する影響は、絶対値で見ると平均的な部屋数RMの影響が28.48で最も大きく、低所得層の割合PTRATIOの-15.20がそれに続いています。

　このように、線形回帰モデルでは、インスタンスごとに「なぜこのような予測値を出したのか」という理由を解釈できます。

2.3.6 Random Forestによる予測

　ここまでは線形回帰モデルを用いて学習と予測を行ってきました。線形

回帰モデルの解釈性は極めて高く、特徴量と予測値の平均的な関係、インスタンスごとの特徴量と予測値の関係、特徴量の重要度、予測の理由という、非常に重要な4つの解釈性を備えていました。

　一方で、線形回帰はあくまで目的変数と特徴量の関係を線形でモデリングしています。この制約を外し、より複雑な関係を学習できるブラックボックスモデルを利用することで予測精度が向上する可能性があります。

　特に予測精度の高いブラックボックスモデルとして、Neural Net系のモデルとTree Ensemble系のモデルの2種類が挙げられます。Neural Net系のモデルは特に画像や自然言語などの非構造化データで力を発揮しています。一方で、Tree Ensemble系のモデルは、今回分析で用いたボストンの住宅価格のようなテーブルデータで特に力を発揮します。

　本書ではテーブルデータを取り扱うので、Tree Ensemble系のモデルを利用します。Tree Ensemble系で有力なモデルはRandom ForestとGradient Boosting Decision Tree（以下、GBDT）ですが、本書ではRandom Forestをブラックボックスモデルとして採用します[*15]。Random Forestは複数の決定木の予測結果をアンサンブルして予測を行う手法です[*16]。アンサンブルのベースとなるひとつひとつの学習器は互いに相関が小さい方がアンサンブルした予測精度が高くなることが知られています。そこで、

- ひとつひとつの決定木を学習する際に、学習データは毎回ランダムに復元抽出する
- 決定木の分割を行う際に、分割できる特徴量を毎回ランダムに選ばれた特徴量の候補に限定する

という工夫をすることで、決定木ごとの相関が小さくなるようにしています。

[*15] 多くの場合、Random ForestよりもGBDTの方が予測精度は高くなります。ただ、GBDTはチューニングすべきハイパーパラメータの数が多く、また訓練データに容易にオーバーフィットしてしまうのでearly stoppingなどの工夫も必要になります。本書の目的は予測精度を限界まで高めることではなく、機械学習モデルの解釈手法を紹介することなので、より取り扱いやすいRandom Forestを用いることにします。なお、本書で紹介する機械学習の解釈手法はすべてモデルに依存しないアルゴリズムであり、Random ForestだけでなくGBDTやNeural Netでも同様に利用できます。

[*16] Random Forestの理論面について、本書は詳しく紹介しません。詳細はHastie, Tibshirani and Friedman(2009)やAthey and Imbens(2019)をご確認ください。

Random Forestを回帰問題に用いる際にはscikit-learnのensembleモジュールに実装されているRandomForestRegressorクラスを使います。Random Forestはハイパーパラメータをあまりチューニングしなくても高い精度での予測が達成できますが、主なハイパーパラメータを紹介しておきます[17]。

- n_estimator：アンサンブルに用いる決定木の総数です。基本的に多くすれば予測精度は高くなりますが、学習と予測の速度が遅くなります。決定木を追加する効果は逓減していくので、あまり多くしても時間がかかるだけで得られるメリットは少なくなります。なお、デフォルトは100です。予測精度を上げたい場合は、グリッドサーチ[18]などで探索するのではなく、十分大きい値で決め打ちします

- min_samples_in_leaf：ひとつひとつの決定木の最終ノードに含まれるインスタンス数の下限を指定しています。min_samples_leafのデフォルトは1で、最終ノードに含まれるインスタンスが1つになるまで分割が行われます。例えばmin_samples_leafを5に設定することで、最終ノードに含まれるインスタンスが5以下になるような分割は行われなくなります。大きくするとオーバーフィットを防げますが、大きすぎるとアンダーフィットしてしまいます[19]。また、副作用として、ひとつひとつの決定木の分割が少なくなる分、木が浅くなり計算時間が短縮されます。予測精度を上げたい場合は、グリッドサーチなどで探索するべきパラメータです

- [17] 本書では Random Forest のハイパーパラメータをすべては紹介しません。ハイパーパラメータに関しては、scikit-learn の公式ドキュメントが参考になります (https://scikit-learn.org/stable/modules/ensemble.html#random-forest-parameters)。
- [18] グリッドサーチを含む、ハイパーパラメータをチューニングするためのテクニックは門脇他 (2019) をご確認ください。
- [19] 訓練データにおける目的変数とノイズの関係を無理やり学習してしまい、訓練データでの予測精度は高いがテストデータでの予測精度は低くなってしまう状態をオーバーフィットと呼びます。逆に、目的変数と特徴量の関係を十分に学習できず、訓練データでもテストデータでも予測精度が低くなってしまう状態をアンダーフィットと呼びます。一般に、複雑なブラックボックスモデルはオーバーフィットしやすく、単純なホワイトボックスモデルはアンダーフィットしやすい傾向があります。ブラックボックスモデルにおいても、モデルの複雑さに制限を課す正則化（regularlization）と呼ばれる手法を用いることで、オーバーフィットを防ぐことができます。Random Forest で正則化の役割を果たすパラメータの１つが min_samples_in_leaf になります。

- max_features：分割の際にランダムに選ばれる特徴量の候補を絶対数
  または割合で指定できます。分割できる特徴量を一部に限定すること
  で決定木ごとの相関を小さくすることが目的です。デフォルトだと全
  特徴量が候補となります。予測精度を上げたい場合は、グリッドサー
  チなどで探索するのが良いでしょう。

　それでは、実際にRandom Forestで予測精度を確かめてみましょう。
Random Forestは特に何の前処理を行わなくても高い予測精度を達成で
きます。ハイパーパラメータはすべてデフォルトのまま学習と予測を行い
ましょう。

```python
from sklearn.ensemble import RandomForestRegressor


# Random Forestの学習
# n_jobs=-1とすると利用可能なすべてのCPUを使って計算を並列化してくれる
rf = RandomForestRegressor(n_jobs=-1, random_state=42)

rf.fit(X_train, y_train)

# モデルの書き出し
joblib.dump(rf, "../model/boston_housing_rf.pkl")

# テストデータで精度評価
regression_metrics(rf, X_test, y_test)
```

	RMSE	R2
0	2.81	0.89

　Random Forestの R^2 は0.89で、単純な線形回帰モデルの0.67、二乗項
を入れた線形回帰モデルの0.76という予測精度を大きく更新しました。
RMSEも2.81となり、単純な線形回帰モデルの4.93、二乗項を入れた線形
回帰モデルの4.22と比較して大きく改善しています。
　このように、Random Forestは線形回帰モデルと比較して高い予測精

度を達成できます。ただし、Random Forestはブラックボックスモデル
であり、そのままでは特徴量と予測値の関係などを線形回帰モデルのよう
に解釈できません。この解釈性と予測精度のトレードオフを克服するた
め、3章以降ではブラックボックスモデルを解釈する手法について解説し
ていきます。それらの手法を用いることで、ブラックボックスモデルに対
しても線形回帰モデルと同様に、特徴量と予測値の平均的な関係、インス
タンスごとの特徴量と予測値の関係、特徴量の重要度、予測の理由という
解釈性を持たせることができます。

本章のまとめとして、線形回帰モデルの利点と注意点をまとめます。

利点

- 極めて高い解釈性
  - 線形回帰モデルの回帰係数は「特徴量 X が1単位増加したときにモ
    デルの予測値がどのように変化するか」を表していると解釈でき
    る。そこから、特徴量と予測値の平均的な関係、インスタンスごと
    の特徴量と予測値の関係、特徴量の重要度、予測の理由という4つ
    の重要な解釈を行うことができる
- モデルに対する豊富な研究結果
  - 線形回帰モデルの性質は理論・応用の両面で長年の研究が蓄積され
    ている。モデルがどのような場合にどのように振る舞うのかを把握
    しておくことで、実務の際に解釈を間違えるようなミスを減らすこ
    とができる
- 学習が高速
  - ブラックボックスモデルと比較してモデルが単純なので、学習と予
    測が高速に実行できる。特に大規模データを扱う場合でも、要求さ
    れるマシンパワーを抑えることができる

注意点

- 予測精度が相対的に低い
  - モデルに線形性の仮定を入れるため、複雑な関係を学習することが困難。この理由から、複雑な関係を学習できるブラックボックスモデルと比較すると予測精度で劣る傾向がある
- 複雑なモデルを作ることもできるが、解釈性の低下をともなう
  - 特徴量エンジニアリングを工夫することで、交互作用や非線形な関係をモデルに組み込むことはできるが、解釈性の低下は避けられない。線形回帰の利点が高い解釈性である以上、解釈性を犠牲にするのはあまりいい選択ではないと考えられる

　3章以降では、線形回帰モデルと同様の解釈性をブラックボックスモデルでも利用する手法について解説していきます。

参考文献

- Athey, Susan, and Guido W. Imbens. "Machine learning methods that economists should know about." Annual Review of Economics 11 (2019): 685-725.
- Hastie, Trevor, Robert Tibshirani, and Jerome Friedman. "The elements of statistical learning: data mining, inference, and prediction." Springer Science & Business Media (2009).
- 門脇大輔, 阪田隆司, 保坂桂佑, 平松雄司. 「Kaggleで勝つデータ分析の技術」. 技術評論社. (2019).
- Hansen, Bruce E. "Econometrics." (2021). https://www.ssc.wisc.edu/~bhansen/econometrics/.

3章

特徴量の重要度を知る ～Permutation Feature Importance～

　2章では回帰問題に対して、線形回帰モデルとRandom Forestを適用しました。線形回帰モデルとRandom Forestで予測精度を比較すると、Random Forestに軍配が上がりました。一方で、Random Forestは典型的なブラックボックスモデルであるため、そのままでは線形回帰モデルのようにモデルの振る舞いを解釈できないという問題がありました。

　このトレードオフを克服するため、ブラックボックスモデルの高い予測精度を保ちながらモデルの振る舞いを解釈する手法が近年盛んに研究されています。本章以降では、機械学習モデルに求められる解釈性を付与するための手法をひとつひとつ紹介していきます。

3.1 なぜ特徴量の重要度を知る必要があるのか

　線形回帰モデルは特徴量と予測値の平均的な関係、インスタンスごとの特徴量と予測値の関係、特徴量の重要度、予測の理由という、重要な4つの解釈性を備えていました。本章では、4つの解釈性のうち**特徴量の重要度**に注目します。特徴量の重要度は、どの特徴量がモデルの予測に強く影響し、どの特徴量は影響しないのかを知りたいというモチベーションに起因する解釈性です。本章では、ブラックボックスモデルに対して特徴量の重要度をどのように計算すればいいのかを検討し、実際にアルゴリズムを実装します。

　特徴量の重要度を実務でどのように役立てることができるでしょうか？　例えば、特徴量の重要度がドメイン知識に沿っているかを確認することでモデルのデバッグを行うことができます。特に重要と思われる特徴量の重要度が低く出ていたり、逆にあまり重要でないと事前に想定していた特徴量の重要度が高く出ている場合、モデルかデータの処理に想定外のバグが混入している可能性に気づけます。

　また、KPIを改善するための施策を考えるというシチュエーションでは、操作可能な特徴量の中で重要度の高い特徴量に介入を加えることで、より効率よくKPIを改善できる可能性が高まります。例えば、テレビCMを使ったマーケティングを考えましょう。KPIはCMがどのくらい多くのターゲットにリーチできたかだとします。CMを流す時間帯が重要なのか、それとも放送局が重要なのか。番組と番組の間ではなく、番組の途中でCMを流すことはどの程度重要なのか。リーチの拡大を促進する要因を突き止め、そこに注目して分析を深めることで、より効率的なKPIの改善施策を提案できます。

　このように、モデルに投入した特徴量の重要度を知ることはモデルの振る舞いを確認し、現実のアクションにつなげる上で非常に重要な役割を果たします。それでは、特徴量の重要度をどのように測定すればよいでしょうか？　以降では具体的に特徴量の重要度を定義し、それを測定する手法について解説していきます。

3.2 線形回帰モデルにおける特徴量の重要度

3.2.1 シミュレーションデータの設定

　早速ですが、シミュレーションデータを用いて特徴量の重要度をどのように確認すれば良いのか探索していきましょう。まずは本章を通して必要な関数を読み込みます。

```
import sys
import warnings
from dataclasses import dataclass
from typing import Any  # 型ヒント用
from __future__ import annotations  # 型ヒント用

import numpy as np
import pandas as pd
import matplotlib.pyplot as plt
import seaborn as sns
import japanize_matplotlib  # matplotlibの日本語表示対応

# 自作モジュール
sys.path.append("..")
from mli.visualize import get_visualization_setting

np.random.seed(42)
pd.options.display.float_format = "{:.2f}".format
sns.set(**get_visualization_setting())
warnings.simplefilter("ignore")  # warningsを非表示に
```

　以下の設定でシミュレーションデータを生成します。シンプルな設定でモデルの振る舞いを確認していくことで、機械学習の解釈手法の理解を深めることがねらいです。

$$Y = 0X_0 + 1X_1 + 2X_2 + \epsilon,$$

$$\begin{pmatrix} X_0 \\ X_1 \\ X_2 \end{pmatrix} \sim \mathcal{N} \left(\begin{pmatrix} 0 \\ 0 \\ 0 \end{pmatrix}, \begin{pmatrix} 1 & 0 & 0 \\ 0 & 1 & 0 \\ 0 & 0 & 1 \end{pmatrix} \right),$$

$$\epsilon \sim \mathcal{N}(0,\ 0.01)$$

　まず、式の1行目は、目的変数 Y は特徴量 (X_0, X_1, X_2) とノイズ ϵ の線形和で構成されていることを表現しています。X_0 の値が変化しても Y にはまったく影響を与えず、X_1 が1大きくなると Y は1大きくなり、X_2 が1大きくなると Y は2大きくなるという設定です。X_0 よりも X_1 が、さらに X_1 よりも X_2 が、目的変数 Y に与える影響は強くなっています。

　次に、式の2行目は特徴量 (X_0, X_1, X_2) がどのような分布から生成されるかを表現しています。ここで、$\mathbf{X} \sim \mathcal{N}(\boldsymbol{\mu}, \boldsymbol{\Sigma})$ という表記は、確率変数のベクトル X が平均 $\boldsymbol{\mu}$、分散共分散行列 $\boldsymbol{\Sigma}$ の正規分布に従うことを意味します。$\boldsymbol{\mu} = (0, 0, 0)$ なので、特徴量 (X_0, X_1, X_2) の平均はすべて0になります。また、分散共分散行列は

$$\boldsymbol{\Sigma} = \begin{pmatrix} \sigma_{11} & \sigma_{12} & \sigma_{13} \\ \sigma_{21} & \sigma_{22} & \sigma_{23} \\ \sigma_{31} & \sigma_{32} & \sigma_{33} \end{pmatrix} = \begin{pmatrix} 1 & 0 & 0 \\ 0 & 1 & 0 \\ 0 & 0 & 1 \end{pmatrix}$$

となっています。分散共分散行列 $\boldsymbol{\Sigma}$ の対角要素は $\sigma_{11} = \sigma_{22} = \sigma_{33} = 1$ であり、これは特徴量 (X_0, X_1, X_2) の分散が1であることを意味します。さらに、それ以外の要素はすべて0になっており、これは特徴量 (X_0, X_1, X_2) はそれぞれ無相関であることを表現しています。まとめると、式の2行目は、特徴量 (X_0, X_1, X_2) がそれぞれ独立に平均0、分散1の正規分布に従って生成されることを意味しています。

　最後に、3行目はノイズ ϵ が平均0、分散0.01の正規分布に従うことを表現しています。

3.2.2 シミュレーションデータの生成

　乱数を用いて、上記の設定でシミュレーション生成してみましょう。あとで少し設定を変えてもう一度データを生成するので、さまざまな設定でシミュレーションデータを生成できる generate_simulation_data() 関数を定義しておきます。

　乱数生成には numpy の random モジュールを利用します。多変量正規分布からデータを生成する場合は multivariate_normal() 関数を、単変量の正規分布からデータを生成する場合には normal() 関数を用います。なお、引数には分散ではなく標準偏差を与える必要があることに注意してください。例えば、分散が 0.01 のときはその標準偏差 0.1 を与える必要があります（標準偏差は分散の平方根になります）。

```python
# シミュレーションデータも訓練データとテストデータに分けたいので
from sklearn.model_selection import train_test_split


def generate_simulation_data(N, beta, mu, Sigma):
    """線形のシミュレーションデータを生成し、訓練データとテストデータに分割する

    Args:
        N: インスタンスの数
        beta: 各特徴量の傾き
        mu: 各特徴量は多変量正規分布から生成される。その平均
        Sigma: 各特徴量は多変量正規分布から生成される。その分散共分散行列
    """

    # 多変量正規分布からデータを生成する
    X = np.random.multivariate_normal(mu, Sigma, N)

    # ノイズは平均0標準偏差0.1(分散は0.01)で決め打ち
    epsilon = np.random.normal(0, 0.1, N)

    # 特徴量とノイズの線形和で目的変数を作成
    y = X @ beta + epsilon
```

```
    return train_test_split(X, y, test_size=0.2, random_state=42)


# シミュレーションデータの設定
N = 1000
J = 3
mu = np.zeros(J)
Sigma = np.array([[1, 0, 0], [0, 1, 0], [0, 0, 1]])
beta = np.array([0, 1, 2])

# シミュレーションデータの生成
X_train, X_test, y_train, y_test = generate_simulation_data(N, beta, mu, Sigma)
```

　実際に、特徴量 (X_0, X_1, X_2) と目的変数 Y の関係を可視化してみましょう。設定から明らかですが、 X_0 と Y はほぼ無相関であること、 X_1 と Y は相対的に弱い相関が、 X_2 と Y は相対的に強い相関があることが見てとれます。

```
def plot_scatter(X, y, var_names):
    """目的変数と特徴量の散布図を作成"""

    # 特徴量の数だけ散布図を作成
    J = X.shape[1]
    fig, axes = plt.subplots(nrows=1, ncols=J, figsize=(4 * J, 4))

    for d, ax in enumerate(axes):
        sns.scatterplot(X[:, d], y, alpha=0.3, ax=ax)
        ax.set(
            xlabel=var_names[d],
            ylabel="Y",
            xlim=(X.min() * 1.1, X.max() * 1.1)
        )

    fig.show()


# 可視化
```

```
var_names = [f"X{j}" for j in range(J)]
plot_scatter(X_train, y_train, var_names)
```

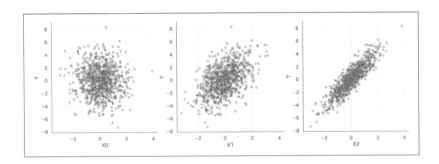

3.2.3 線形回帰モデルの特徴量重要度の確認

　線形回帰モデルにおいて、特徴量の重要度は回帰係数の大きさで確認できました。線形回帰モデルを当てはめ、回帰係数の大きさを確認してみましょう。なお、特徴量 (X_0, X_1, X_2) はそれぞれ平均0、分散1の正規分布に従っており、元々標準化されている状態なので、あらためて特徴量の標準化をしなくても重要度を比較できます。

```
from sklearn.linear_model import LinearRegression


def plot_bar(variables, values, title=None, xlabel=None, ylabel=None):
    """回帰係数の大きさを確認する棒グラフを作成"""

    fig, ax = plt.subplots()
    ax.barh(variables, values)
    ax.set(xlabel=xlabel, ylabel=ylabel, xlim=(0, None))
    fig.suptitle(title)

    fig.show()


# 線形回帰モデルの学習
```

```
lm = LinearRegression().fit(X_train, y_train)

# 回帰係数の可視化
plot_bar(var_names, lm.coef_, "線形回帰の回帰係数の大きさ", "回帰係数")
```

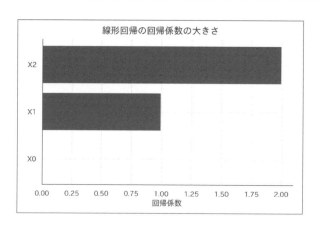

　回帰係数の大きさを確認すると、特徴量 X_0 の重要度が極めて低いこと、X_0 よりも X_1 の、X_1 よりも X_2 の重要度が高いことが見てとれます。このように、モデルに入力した特徴量の重要性を確認できることが線形回帰モデルの利点でした。

　それでは、ブラックボックスモデルでは特徴量重要度をどのように定義すれば良いでしょうか？　残念ながら、線形回帰モデルのように回帰係数を用いたアプローチは不可能です。Random Forest や GBDT には回帰係数に相当するものがなく、Neural Net はパラメータ同士が複雑に絡み合っていて、パラメータから重要度を解釈するのは困難です。よって、別の方法で重要度を定義する必要があります。さて、どんなブラックボックスモデルにも共通して利用できる特徴量重要度の定義を考えてみましょう。これを達成するためには、どんなモデルでも共通して持っている要素を用いるのが良いでしょう。

　そこで、どんなモデルでも計算できる**予測誤差を用いたアプローチ**を考えてみます。ひとつひとつの特徴量に対して、その特徴量の情報が「使えない」場合の予測誤差を計算し、すべての特徴量の情報が「使える」場合との予測誤差を比較します。もし予測誤差が大きく増加するなら、その特徴

量の情報が使えるかどうかで予測値が大きく動くということです。よっ
て、モデルがその特徴量を「重視している」と考えることができそうです。
反対に、もし予測誤差が変化しないなら、その特徴量の情報を使えても使
えなくてもモデルは同じような予測値を出すということです。この場合は
その特徴量は重要でないと言えそうです。

　このように、予測誤差の増加分をもって特徴量の重要度を定義するアプ
ローチを次節以降で紹介します[*1]。

3.3 Permutation Feature Importance

3.3.1 PFIのアルゴリズム

　予測誤差の増加分をもって特徴量の重要度とする代表的なアプローチと
して、**Permutation Feature Importance (PFI)** が挙げられます。PFIは特
徴量の値をシャッフル（permutation）することで、その特徴量の情報が
「使えない」状態を作り出そうという手法になります（図3.1）。

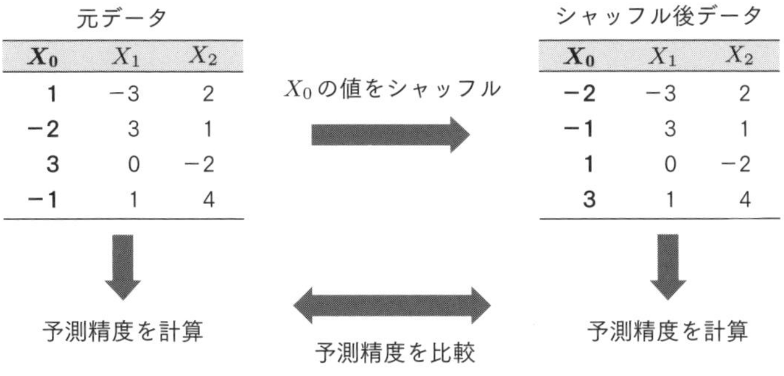

元データ				シャッフル後データ		
X_0	X_1	X_2		X_0	X_1	X_2
1	−3	2	X_0の値をシャッフル	−2	−3	2
−2	3	1		−1	3	1
3	0	−2		1	0	−2
−1	1	4		3	1	4

予測精度を計算　　予測精度を比較　　予測精度を計算

■ **図 3.1**／PFIのアルゴリズム

[*1] 　Random Forest や GBDT などの決定木ベースのモデルは、本書で紹介する手法を用いなくても、
決定木での特徴量の分割回数などを用いて（その意味での）特徴量の重要度を求めることがで
きます。ただし、この手法は決定木ベースの手法でしか用いることができず、汎用的な手法と
は言えません。また、バイアスが存在することも指摘されています。詳細は aotamasaki(2019)
に分かりやすくまとめられています。

　例として、3つの特徴量 (X_0, X_1, X_2) を用いて学習したモデルを考えましょう。特徴量 X_0 のPFIを計算するためには以下の手順を踏みます。

1. 3つの特徴量 (X_0, X_1, X_2) を用いて学習させたモデルを用意し、テストデータで予測誤差を出す。これがベースラインとなる
2. テストデータの特徴量 X_0 の値のみをシャッフルする。1と同じモデルを用いてシャッフル済みデータに対して予測を行い、予測誤差を計算する
3. 2の予測誤差を1のベースラインの予測誤差と比較する。予測誤差の増加率または差分を計算し、この大きさを特徴量重要度とする
4. 2と3の操作を特徴量 X_1 と特徴量 X_2 についても行う
5. 3つの特徴量 (X_0, X_1, X_2) の特徴量重要度が計算できたので、重要度の大きさを比較し、どの特徴量が重要なのかを確認する

　このように、特徴量の値をシャッフルしたときの予測誤差の増加分をもって特徴量の重要度とするのがPFIのアイデアになります。実際、ある特徴量がモデルの予測に大きく寄与しているなら、その特徴量をシャッフルした場合、モデルは的はずれな予測値を出すはずです。

　例えば、番組の視聴率を予測するモデルを構築するとしましょう。このとき、番組が放送される時間帯は視聴率の予測にとって重要な特徴量だと考えられます。PFIで放送される時間帯をシャッフルすると、一例として、本来プライムタイム[*2]に放送されていた番組を「深夜に放送されていた」として視聴率を予測するといった状況が起こり得ます。この場合、本来の視聴率よりもずっと低い視聴率をモデルが予測してしまい、結果として予測誤差は大きくなると思われます。この例からも分かるように、特徴量の値のシャッフルによる予測誤差の増加分で特徴量重要度を定義するのは、もっともらしい定義の1つと言えるでしょう。

[*2]　最もテレビ視聴率の高い 19 時から 23 時の時間帯のこと。

3.3.2 PFIの実装

　PFIのアルゴリズムを確認できたので、次はPFIのアルゴリズムを実装に落とし込んでみましょう。以下のコードではPFIのアルゴリズムをPermutationFeatureImportanceクラスとして実装しています。

```python
from sklearn.metrics import mean_squared_error


@dataclass
class PermutationFeatureImportance:
    """Permutation Feature Importance (PFI)

    Args:
        estimator: 学習済みモデル
        X: 特徴量
        y: 目的変数
        var_names: 特徴量の名前
    """

    estimator: Any
    X: np.ndarray
    y: np.ndarray
    var_names: list[str]

    def __post_init__(self) -> None:
        # シャッフルなしの場合の予測精度
        # mean_squared_error()はsquared=TrueならMSE、squared=FalseならRMSE
        self.baseline = mean_squared_error(
            self.y, self.estimator.predict(self.X), squared=False
        )

    def _permutation_metrics(self, idx_to_permute: int) -> float:
        """ある特徴量の値をシャッフルしたときの予測精度を求める

        Args:
            idx_to_permute: シャッフルする特徴量のインデックス
        """
```

```
    # シャッフルする際に、元の特徴量が上書きされないようにコピーしておく
    X_permuted = self.X.copy()

    # 特徴量の値をシャッフルして予測
    X_permuted[:, idx_to_permute] = np.random.permutation(
        X_permuted[:, idx_to_permute]
    )
    y_pred = self.estimator.predict(X_permuted)

    return mean_squared_error(self.y, y_pred, squared=False)

def permutation_feature_importance(self, n_shuffle: int = 10) -> None:
    """PFIを求める

    Args:
        n_shuffle: シャッフルの回数。多いほど値が安定する。デフォルトは10回
    """

    J = self.X.shape[1]  # 特徴量の数

    # J個の特徴量に対してPFIを求めたい
    # R回シャッフルを繰り返して平均をとることで値を安定させている
    metrics_permuted = [
        np.mean(
            [self._permutation_metrics(j) for r in range(n_shuffle)]
        )
        for j in range(J)
    ]

    # データフレームとしてまとめる
    # シャッフルでどのくらい予測精度が落ちるかは、
    # 差(difference)と比率(ratio)の2種類を用意する
    df_feature_importance = pd.DataFrame(
        data={
            "var_name": self.var_names,
            "baseline": self.baseline,
            "permutation": metrics_permuted,
            "difference": metrics_permuted - self.baseline,
```

```
                    "ratio": metrics_permuted / self.baseline,
            }
        )

        self.feature_importance = df_feature_importance.sort_values(
            "permutation", ascending=False
        )

    def plot(self, importance_type: str = "difference") -> None:
        """PFIを可視化

        Args:
            importance_type: PFIを差(difference)と比率(ratio)のどちらで計算するか
        """

        fig, ax = plt.subplots()
        ax.barh(
            self.feature_importance["var_name"],
            self.feature_importance[importance_type],
            label=f"baseline: {self.baseline:.2f}",
        )
        ax.set(xlabel=importance_type, ylabel=None)
        ax.invert_yaxis() # 重要度が高い順に並び替える
        ax.legend(loc="lower right")
        fig.suptitle(f"Permutationによる特徴量の重要度({importance_type})")

        fig.show()
```

PermutationFeatureImportanceクラスは__post_init__()、_permutation
_metrics()、permutation_feature_importance()、plot()の4つのメソッド
から構成されています。それでは、ひとつひとつのパーツについて説明して
いきます。

__post_init()__

　まず、__post_init__()メソッドではシャッフルなしの場合の予測精度を
baselineとして計算しています。このシャッフルなしの予測精度と比較し
て、各特徴量の値のシャッフルによってどの程度予測精度が悪化するかを

用いて特徴量の重要度を決めるのがPFIでした。評価指標はRMSEや
MAPEなどさまざまな選択肢が考えられますが、ここではRMSEを用いて
実装しました。

_permutation_metrics()

　次に、指定した1つの特徴量の値をシャッフルした際の予測精度を求める
のが_permutation_metrics()メソッドです。引数idx_to_permuteでシャッ
フルしたい特徴量のインデックスを指定します。特徴量が指定されたら、
まずnp.random.permutation()関数を用いて指定した特徴量の値のみを
シャッフルし、次にシャッフル済みのデータX_permutedに対する予測を行
い、最後に予測精度を評価します。

permutation_feature_importance()

　続いて、permutation_feature_importance()メソッドでは、上記の_
permutation_metrics()メソッドでの操作をすべての特徴量に対して行
い、特徴量をシャッフルした場合に予測精度がどの程度悪化するかを調べ
ることで、特徴量の重要度を確認しています。

　若干複雑なのですが、特徴量をシャッフルした場合の予測精度metrics_
permutedの計算はループが2重になっています。まず、self._permutation_
metrics(j)によって、特徴量jの値をシャッフルした場合の予測精度が計
算されます。内側のrに関するループ

```
np.mean([self._permutation_metrics(j) for r in range(n_shuffle)])
```

では、この操作がn_shuffle回行われて、その平均値が求められていま
す。PFIはシャッフルのランダム性によってPFIを求めるたびに重要度が微
妙に変わってしまうという問題があるので、n_shuffle個の予測精度を平均
することでシャッフルによる値のばらつきを軽減することがねらいです。

　この操作をJ個の特徴量に対してひとつひとつ実行するのが外側のjに
関するループの役割となります。すべての特徴量に関してシャッフルした
場合の予測精度を求めて、metrics_permutedとして保存しています。

続いて、この結果をdf_permutedとしてデータフレームにまとめています。なお、PFIを計算するには、シャッフルによって予測精度がどの程度悪化するのかを計算する必要があり、differenceではbaselineとの予測精度の差分を、ratioでは予測精度の比率を用いて予測精度がどの程度悪化するかを定義しています。どちらの定義を用いても傾向に大きな差は出ないので、解釈しやすさ、説明のしやすさで選ぶのが良いでしょう。

plot()

最後に、PFIの計算結果をplot()メソッドで可視化できるようにしておきます。これは単に棒グラフを表示するメソッドです。importance_typeで差分と比率のどちらの定義でもPFIを可視化できるように実装しました。

3.3.3 PFIのシミュレーションデータへの適用

それでは、実装したPermutationFeatureImportanceクラスを使ってPFIを計算してみましょう。3.2節で作成したシミュレーションデータに対して、Random Forestによるブラックボックスモデルを作成します。

```python
from sklearn.ensemble import RandomForestRegressor

# Random Forestの予測モデルを構築
rf = RandomForestRegressor(n_jobs=-1, random_state=42).fit(X_train, y_train)
```

このRandom Forestがうまく予測を行えているか、モデルの予測精度を確認しておきましょう。

```python
from sklearn.metrics import r2_score

# 予測精度を確認
print(f"R2: {r2_score(y_test, rf.predict(X_test)):.2f}")
```

```
R2: 0.99
```

3章　特徴量の重要度を知る〜Permutation Feature Importance〜

今回利用しているシミュレーションデータは $Y = X_1 + 2X_2 + \epsilon$ という
関係になっていました。単純な構造のデータなので、予測精度を決定係数
R^2 で評価すると、0.99という極めて高い予測精度になりました。モデル
は目的変数をうまく予測できることが見てとれます。

PermutationFeatureImportance クラスを利用して、特徴量の重要度を
計算し、可視化してみます。精度評価指標は RMSE とします。予測精度
はテストデータで評価します。

```
# PFIを計算して可視化
# PFIのインスタンスの作成
pfi = PermutationFeatureImportance(rf, X_test, y_test, var_names)

# PFIを計算
pfi.permutation_feature_importance()

# PFIを可視化
pfi.plot(importance_type="difference")
```

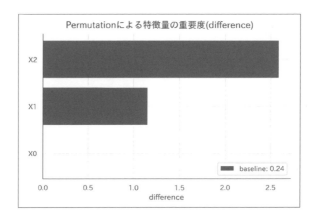

特徴量 X_2 の重要度がもっとも高く、特徴量 X_0 の重要度がほぼ0とな
りました。よって、モデルは X_2 を予測において重視しており、 X_0 はほ
とんど無視していることが見てとれます。

今回はシミュレーションデータを用いているので、目的変数と特徴量の
関係が $Y = X_1 + 2X_2 + \epsilon$ であることが分かっており、モデルの重視する

特徴量は、実際の目的変数と特徴量の関係を反映できていることが分かります。

このように、PFIを用いることで、モデルが重視している特徴量が何かを解釈できます。

3.4 Leave One Covariate Out Feature Importance

PFIでは特徴量の値のシャッフルを通じて特徴量の情報が「使えない」状況を作り出し、予測誤差を計算していました。一方で、よりストレートに考えると、ある特徴量の情報が「使えない」状況は、その特徴量をモデルにインプットしなければ成立します。つまり、

1. 訓練データとテストデータの両方からその特徴量を除外し、訓練と予測を行う
2. 特徴量をすべて使った場合と予測誤差を比較し、予測誤差がどの程度の増加したかをもって特徴量の重要度とする

というアプローチでも特徴量の重要度を定義できそうです。実際この手法は存在し、**Leave One Covariate Out Feature Importance (LOCOFI)** と呼ばれています（図3.2）。

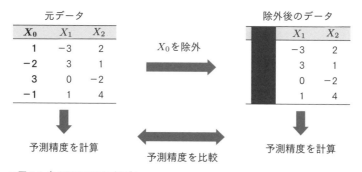

■ **図3.2**／LOCOFIのアルゴリズム

　LOCOFIとPFIはお互いに類似した発想の手法ですが、実践的にはどちらを用いればよいでしょうか。結論から言うと、筆者はPFIを用いるのがベターだと考えています。理由は以下の2点です。

1. LOCOFIによる特徴量重要度の計算は時間がかかる

　LOCOFIは予測だけでなく、特徴量の数だけモデルを作成し、再学習を行う必要があります。その点、PFIは再学習の必要がなく、予測を行うだけで事足ります。多くの場合、学習は予測よりも時間がかかるので、LOCOFIはPFIよりも計算時間が必要となります。

2. LOCOFIは「振る舞いを確認したいモデル」とは別のモデルを作成して重要度の評価に使っている

　LOCOFIはモデルを特徴量の数だけ作って予測誤差を評価します。つまり、「全特徴量を使ったモデル」と「ある特徴量を落として作った新しいモデル」を比較することで特徴量の重要度を測定しています。一方で、特にモデルの挙動を確認する用途で特徴量重要度を用いている際に知りたいことは、実際に利用するモデルの振る舞いです。つまり、「全特徴量を使ったモデル」が特定の特徴量をどのくらい重要視しているかを知りたいのです。このモチベーションにおいては、データはシャッフルするがモデルは「全特徴量を使ったモデル」で固定して特徴量の重要度を評価するPFIが適切と言えるでしょう。

3.5 Grouped Permutation Feature Importance

3.5.1　特徴量が相関するケース

　特徴量Aと特徴量Bはそれぞれ単体では非常に重要だが、お互いに強く相関しているというケースを考えましょう。この場合、特徴量Aと特徴

量Bを同時にモデルに投入すると重要度が分散し、両方の特徴量の重要度が低くなる、という現象が起きます。

　例えば、今日までの売上から明日の売上を予測するというモデルを考えましょう。この場合、「今日の売上」も「昨日の売上」も「明日の売上」を予測するためには重要な特徴量だと考えられます。ここで問題になるのは、「今日の売上」と「昨日の売上」は強く相関している（可能性が高い）ことです。

　具体的に、予測モデルにRandom Forestを利用した場合を例にとって考えましょう。もし「今日の売上」と「昨日の売上」が非常に強く相関しているとすれば、モデルは「今日の売上」と「昨日の売上」の両方の特徴量の情報を用いて予測を行うでしょう。ある決定木は「今日の売上」を用いて予測を行い、もう1つの決定木は「昨日の売上」を用いて予測を行い、それがアンサンブルされて最終的な予測になります。よって、「今日の売上」だけを特徴量として用いた場合や、「昨日の売上」だけを特徴量として用いた場合と比較して、どちらの特徴量の重要度も小さくなります。これをストレートに解釈してしまうと、「今日の売上も昨日の売上も明日の売上を予測する上ではあまり重要ではない」という間違った結論を出してしまうおそれがあります。

　このように強く相関する特徴量がある場合に、特徴量重要度をどのように測定すれば良いでしょうか？　1つのアイデアは、強く相関する特徴量はまとめてシャッフルし、誤差の増加度合いをその特徴量群のグループとしての重要度とするというものです。この手法は**Grouped Permutation Feature Importance (GPFI)** と呼ばれています（図3.3）。特徴量群をまとめて1つの重要度を測定することで、重要度の分散を回避できます。先ほどの売上予測の例だと、「今日の売上」と「昨日の売上」をまとめて「過去の売上」として重要度を計算します。この場合、予測にとって重要な特徴量である「今日の売上」と「昨日の売上」がまとめてシャッフルされるので、予測誤差が大きくなり、特徴量の重要度は高くなります。

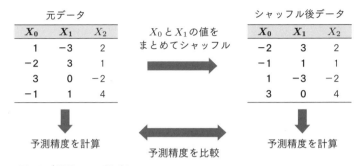

■ 図3.3／GPFIのアルゴリズム

上記の「特徴量同士が相関する」ケースとは別に、特徴量のグループ化が有効なケースを紹介します。

特徴量をまとめた特徴量群のほうが解釈性が向上するケース

例えば、売上予測モデルに位置情報を特徴量として入力する場合、緯度と経度の重要度を別々に定義するよりも、まとめて「位置情報」というグループ化された特徴量として重要度を測定した方がモデルを解釈する上では直感的でしょう。このように、意味的に近い特徴量はまとめてシャッフルすることで、特徴量重要度の解釈性を高めることができます（もちろん、緯度経度をまとめるかどうかは予測タスクに依存します。例えば、売上ではなく気温を予測する場合は、緯度と経度は分けて重要度を計算したほうが良いかもしれません）。

カテゴリカル変数

もし国や地域、職業などのカテゴリカル変数をOne Hot Encoding[*3]してモデルに入力している場合、それらの特徴量はまとめてシャッフルすることで解釈性を高めることができるケースもあります。例えば、職業カテゴリとして学生、会社員、自営業の3つがあり、これをOne Hot Encodingしてモデルに入力しているとします[*4]。このとき、学生、会社員、自営業の特

---

* 3　カテゴリカル変数に対する特徴量エンジニアリングの一種です。そのカテゴリに該当していれば1をとり、該当していなければ0をとるような特徴量を作成します。

* 4　ただし、Random ForestやGBDTのような決定木ベースのモデルを用いる場合は、カテゴリカル変数の前処理はOne Hot EncodingではなくLabel Encoding（学生が0、会社員が1、自営業が2のような変換）を用いることが多いです。

徴量を個別にシャッフルすると、学生かつ会社員や、学生かつ自営業など、実際は存在しない属性を作って予測を行うことになります。このようなありえない予測から求められた特徴量の重要度は本来求めたかった重要度とは乖離する可能性がありますが、カテゴリカル変数をまとめてシャッフルすることでこの問題を回避できます。

3.5.2 GPFIの実装

では、複数の特徴量をまとめて重要度を計算できるようにPermutationFeatureImportanceクラスを拡張してみましょう。

```
class GroupedPermutationFeatureImportance(PermutationFeatureImportance):
    """Grouped Permutation Feature Importance (GPFI)"""

    def _permutation_metrics(
        self,
        var_names_to_permute: list[str]
    ) -> float:
        """ある特徴量群の値をシャッフルしたときの予測精度を求める

        Args:
            var_names_to_permute: シャッフルする特徴量群の名前
        """

        # シャッフルする際に、元の特徴量が上書きされないよう用にコピーしておく
        X_permuted = self.X.copy()

        # 特徴量名をインデックスに変換
        idx_to_permute = [
            self.var_names.index(v) for v in var_names_to_permute
        ]

        # 特徴量群をまとめてシャッフルして予測
        X_permuted[:, idx_to_permute] = np.random.permutation(
            X_permuted[:, idx_to_permute]
        )
```

```python
        y_pred = self.estimator.predict(X_permuted)

        return mean_squared_error(self.y, y_pred, squared=False)

    def permutation_feature_importance(
        self,
        var_groups: list[list[str]] | None = None,
        n_shuffle: int = 10
    ) -> None:
        """GPFIを求める

        Args:
            var_groups:
                グループ化された特徴量名のリスト。例：[['X0', 'X1'], ['X2']]
                Noneを指定すれば通常のPFIが計算される
            n_shuffle:
                シャッフルの回数。多いほど値が安定する。デフォルトは10回
        """

        # グループが指定されなかった場合は1つの特徴量を1グループとする。PFIと同じ
        if var_groups is None:
            var_groups = [[j] for j in self.var_names]

        # グループごとに重要度を計算
        # R回シャッフルを繰り返して値を安定させている
        metrics_permuted = [
            np.mean(
                [self._permutation_metrics(j) for r in range(n_shuffle)]
            )
            for j in var_groups
        ]

        # データフレームとしてまとめる
        # シャッフルでどのくらい予測精度が落ちるかは、差と比率の2種類を用意する
        df_feature_importance = pd.DataFrame(
            data={
                "var_name": ["+".join(j) for j in var_groups],
                "baseline": self.baseline,
                "permutation": metrics_permuted,
```

```
                    "difference": metrics_permuted - self.baseline,
                    "ratio": metrics_permuted / self.baseline,
            }
    )

    self.feature_importance = df_feature_importance.sort_values(
        "permutation", ascending=False
    )
```

PermutationFeatureImportance ク ラ ス を 継 承 し て、_permutation_
metrics() メソッドと permutation_feature_importance() メソッドをオー
バーライドすることで、グループ化された特徴量重要度を計算できるよう
に拡張しています[5]。基本的にグループ化の対応のみを行っており、その
他の部分は PermutationFeatureImportance クラスから変更していません。

_permutation_metrics()

PermutationFeatureImportance クラスのメソッドと比較すると、引数 var_
names_to_permute に ['X0', 'X1'] のようなリストを指定することで、特徴量 X0
と X1 をまとめてシャッフルできる作りになっています。指定の際にインデック
スではなく特徴量の名前で指定できたほうが分かりやすいので、特徴量名を指
定してそれをメソッド内でインデックスに変換する処理を実装しています。

permutation_feature_importance()

permutation_feature_importance() メソッドも特徴量のグループ化が
できるよう修正しました。例えば、var_groups で [['X0', 'X1'], ['X2']]
のように指定すると、X0 と X1 はグループ化された特徴量として、X2 は単
体の特徴量として扱われます。

3.5.3 GPFI のシミュレーションデータへの適用

GroupedPermutationFeatureImportance クラスが実装できたので、実際

---

* 5　クラスの継承やメソッドのオーバーライドについては陶山 (2020) を参照してください。

のデータでグループ化された特徴量重要度を計算してみましょう。

今回利用しているシミュレーションデータは $Y = X_1 + 2X_2 + \epsilon$ という関係でした。特徴量のグループ化は強く相関する特徴量がある際に有効なので、極端な例として、特徴量 X_2 とまったく同じ値をとる特徴量 X_3 を訓練データに追加してみます（もちろん、実務においてこのような極端なデータに直面することはありませんが、極端な例は手法の振る舞いを際立たせるので理解を深めることができます）。

```
# 特徴量X2とまったく同じ特徴量を追加
X_train2 = np.concatenate([X_train, X_train[:, [2]]], axis=1)
```

この訓練データを用いてモデルの学習を行います。つまり、特徴量 (X_0, X_1, X_2, X_3) を用いて学習を行いますが、特徴量 (X_2, X_3) は完全に相関している状態です。

```
# 特徴量X2とまったく同じ特徴量を追加した新しいデータからRandom Forestの予測モデルを構築
rf = RandomForestRegressor(n_jobs=-1, random_state=42).fit(X_train2, y_train)
```

この例で通常のPFIを計算してみましょう。計算には先ほど実装したGroupedPermutationFeatureImportanceクラスを使っていますが、特徴量をまとめる操作は行っていないので、計算しているのは通常のPFIになります。

```
# テストデータにも同様に特徴量X2とまったく同じ値をとる特徴量X3を作る
X_test2 = np.concatenate([X_test, X_test[:, [2]]], axis=1)

gpfi = GroupedPermutationFeatureImportance(
    rf, X_test2, y_test, ["X0", "X1", "X2", "X3"]
)

# var_groupsを指定しなければ通常のPFIが計算される
gpfi.permutation_feature_importance()

# 可視化
gpfi.plot()
```

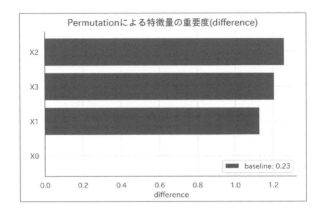

シミュレーションデータでは目的変数と特徴量の関係は $Y = X_1 + 2X_2 + \epsilon$
となっていました。ですので、特徴量 X_2 の重要度は特徴量 X_1 よりも大き
くなることが期待されますが、特徴量 X_2 の重要度の半分が特徴量 X_3 にも
分散した結果、特徴量 (X_1, X_2, X_3) の重要度が同程度になっています。

前述のように、このような場合は、特徴量 (X_2, X_3) をまとめてシャッ
フルすることで、グループ化された特徴量の重要度を計算できます。

```
# X2とX3はまとめてシャッフル。X0とX1は個別にシャッフル
gpfi.permutation_feature_importance(var_groups=[["X0"], ["X1"], ["X2", "X3"]])

# GPFIを可視化
gpfi.plot()
```

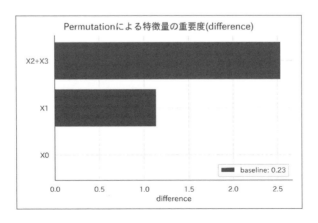

相関する特徴量 (X_2, X_3) をグループ化した結果、特徴量 (X_2, X_3) で分散していた重要度が統合され、特徴量 X_1 よりも重要であるとの結果になりました。このように、強く相関する特徴量は、まとめて重要度を計算することで解釈性を高めることができます。

3.6

特徴量重要度は因果関係として解釈できるか?

3.6.1 擬似相関

実務において、特徴量重要度を因果関係として解釈するのは基本的に推奨しません。理由の1つとして、いわゆる**擬似相関**[*6]と呼ばれる問題があります。

例えば、売上予測のモデルで、ある特徴量の重要度が高かったとしても、本当にその特徴量が売上を上昇させるとは限りません。実際に売上に影響を与える特徴量 X_0 と、売上には影響を与えない特徴量 X_1 があるとします。もし特徴量 X_0 と特徴量 X_1 が相関していて、特徴量 X_0 をモデルに入れず、特徴量 X_1 だけをモデルに入れた場合、モデルは特徴量 X_1 の値によって予測値を変えるので、特徴量 X_1 の重要度は高くなります。ただし、これは X_1 を変化させた場合にモデルの予測値が変化するということであって、実際に売上が伸びるわけではありません。売上はあくまで X_0 を増加させたときにのみ上昇するからです[*7]。

このように、本来モデルに入れるべき特徴量が入っていない状態で、特徴量重要度の因果的な解釈を行うと間違った結論を導く可能性があり、非常に危険です。特徴量重要度だけで因果関係を把握しようとするのではなく、重要度の高い特徴量についてより深く分析していくことが重要でしょう。

＊6　擬似相関は因果関係は示唆しませんが相関自体はしているので、「擬似相関」という言葉は意味的にあまり適切ではないという議論があります。よく利用される言葉なので本書では利用しましたが、そのような議論があることには留意してください。

＊7　この問題は、計量経済学では欠落変数バイアスと呼ばれています。1.4 節で議論したように、例えば、年齢、学歴、職業などの特徴量から所得を予測する回帰モデルを作成する際に、個人の能力を直接測定した特徴量を作成できないので、学歴などの効果を過剰に見積もってしまう可能性があります。

3.6.2 擬似相関のシミュレーション

この問題を実際にデータから確認してみましょう。以下の設定でシミュレーションデータを生成します。

$$Y = X_0 + \epsilon,$$

$$\begin{pmatrix} X_0, \\ X_1, \\ X_2 \end{pmatrix} \sim \mathcal{N}\left(\begin{pmatrix} 0 \\ 0 \\ 0 \end{pmatrix}, \begin{pmatrix} 1 & 0.95 & 0 \\ 0.95 & 1 & 0 \\ 0 & 0 & 1 \end{pmatrix} \right),$$

$$\epsilon \sim \mathcal{N}(0, 0.01)$$

この設定では、特徴量 X_0 だけが目的変数 Y に影響を与え、特徴量 (X_1, X_2) は Y に影響は与えません。しかし、特徴量 X_1 は特徴量 X_0 と強く相関しています。よって、特徴量 X_0 を入れずにモデルの学習と予測を行うと、本来は目的変数にまったく影響しないはずの特徴量 X_1 の重要度が過剰に見積られます。なお、特徴量 X_2 は他の変数とは無相関という設定になっており、どの特徴量をモデルに入れるかにかかわらず、予測値には影響は与えません（図3.4）。

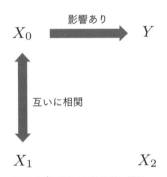

■ 図 3.4／特徴量と目的変数の関係

上記の設定で、実際にシミュレーションデータを生成します。データの生成には3.2節で作成した generate_simulation_data() 関数を利用します。

```
# シミュレーションデータの設定
N = 1000
J = 3
mu = np.zeros(J)
Sigma = np.array([[1, 0.95, 0], [0.95, 1, 0], [0, 0, 1]])
beta = np.array([1, 0, 0])

# シミュレーションデータの生成
X_train, X_test, y_train, y_test = generate_simulation_data(
    N, beta, mu, Sigma
)
```

　それではモデルの学習を行い、PFIを計算してみましょう。まずは全特徴量をモデルに入れて学習し、PFIを計算します。

```
# 全特徴量を使ってRandom Forestの予測モデルを構築
rf = RandomForestRegressor(n_jobs=-1, random_state=42).fit(X_train, y_train)

# PFIを計算
pfi = PermutationFeatureImportance(rf, X_test, y_test, var_names)
pfi.permutation_feature_importance()

# PFIを可視化
pfi.plot(importance_type="difference")
```

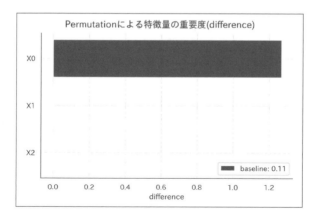

特徴量 X_0 だけがモデルの予測値に影響を与えていることが分かります。一方で、特徴量 (X_1, X_2) の重要度は小さく、予測値にほとんど影響を与えていません[*8]。これは実際のシミュレーションの設定に沿っていて、直感的な結果です。

次に、特徴量 X_0 を使わない場合のPFIを計算します。

```
# X0は使わずRandom Forestの予測モデルを構築
rf = RandomForestRegressor(n_jobs=-1, random_state=42)
rf.fit(X_train[:, [1, 2]], y_train)

# PFIを計算。X0は使わない
pfi = PermutationFeatureImportance(
    rf, X_test[:, [1, 2]], y_test, ["X1", "X2"]
)
pfi.permutation_feature_importance()
pfi.plot(importance_type="difference")
```

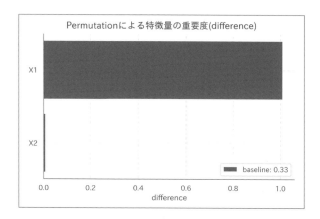

この場合、特徴量 X_1 の重要度は高く、予測に影響を与えているという結果になります。実際には特徴量 (X_1, X_2) はともに目的変数 Y に影響を与えないことを考えると、この結果から「特徴量 X_1 は目的変数 Y に影響

[*8] この例では、目的変数 Y に直接的に影響を与え、より強く予測に貢献する特徴量である X_0 のみを用いてモデルが予測を行っており、特徴量 X_1 には重要度が分散していません。

を与える」と解釈することは誤りであると言えます。このように、本来モデルに含めるべき特徴量が欠落していると、特徴量の重要度は必ずしも実際の目的変数と特徴量の関係を表さないことがあり、注意が必要です。

　注意点として、この結果を因果関係として解釈するのではなく、「モデルの予測値と特徴量の関係」として解釈するのであれば、一切問題はありません。実際に特徴量 X_1 の値が変わるとモデルの予測値が大きく変化し、結果として予測誤差が大きくなることを通じて特徴量の重要度が高くなっているからです。ただし、この関係を「（モデルの予測値ではなく）目的変数と特徴量の関係」として解釈することには危険がともなう、ということが本節の主張になります。

　このように、PFIに限らず機械学習の解釈手法の結果を「モデルの振る舞い」として解釈することは比較的安全ですが、因果関係として解釈することは危険がともなうことには注意が必要だと言えます。

3.7　訓練データとテストデータのどちらで予測精度を評価するべきか

　3.3節でPFIを計算する際に、テストデータをシャッフルして予測精度の差分を計算していました。これはこれで1つのもっともらしいやり方ですが、訓練データをシャッフルして予測精度の差分を計算することも可能です。訓練データを用いる場合とテストデータを用いる場合でPFIの挙動にはどのような変化があるでしょうか？

　基本的に、モデルがうまく汎化されているならどちらのデータで予測しても傾向に大きな差はありません。差分が出るのはモデルがオーバーフィットしているケースです。

　具体的に、ある特徴量 X は目的変数 Y に影響を与えないが、モデルが訓練データにオーバーフィットしていて、X と Y の関係性を訓練データから無理やり学習してしまっているとしましょう。このような場合、訓練データをシャッフルして訓練データでの予測精度を求めると差分は大きくなります。結果として、特徴量の重要度は大きくなります。

　一方で、モデルが訓練データから学習した X と Y の関係はテストデー

タでは存在しないので、テストデータで予測誤差を評価する場合はシャッフルの有無にかかわらずそもそも予測が当たらないということになります。よって、特徴量の重要度は小さくなります。

このように、モデルがオーバーフィットしているケースでは訓練データとテストデータで差分が出る可能性はありますが、モデルがよく汎化されている場合はどちらのデータを使って予測をしても問題ないと筆者は考えています。

3.8 実データでの分析

ここまではシミュレーションデータでPFIの挙動を確認してきました。この節では、2.3節で利用したボストンの住宅価格データセットにPFIを適用し、モデルを解釈していきましょう。

まずは、2.3節で用いたデータとモデルを再度読み込みます。

```
import joblib

# データと学習済みモデルを読み込む
X_train, X_test, y_train, y_test = joblib.load("../data/boston_housing.pkl")
rf = joblib.load("../model/boston_housing_rf.pkl")
```

3.3節ではPermutationFeatureImportanceクラスを実装しましたが、実務の際には自分で実装したクラスではなく、OSSとして公開されているパッケージを利用することが多いでしょう。パッケージはいくつかありますが、ここではscikit-learnの実装を使うことにします。scikit-learnのinspectionモジュールにpermutation_importance()関数が用意されているので、それを読み込んでください。

permutation_importance()関数に学習済みモデルと予測精度を評価したいデータセットを与え、精度評価の指標を指定することでPFIが計算できます。

```
from sklearn.inspection import permutation_importance

# PFIを計算
pfi = permutation_importance(
    estimator=rf,
    X=X_test,
    y=y_test,
    scoring="neg_root_mean_squared_error",  # 評価指標はRMSEを指定
    n_repeats=5,  # シャッフルの回数
    n_jobs=-1,
    random_state=42,
)


pfi
```

```
{'importances_mean': array([0.47335366, 0.00767681, 0.0488425 , 0.00577725,
0.39998356,
        3.71527662, 0.17887136, 0.94838591, 0.0314633 , 0.11882726,
        0.2915789 , 0.02083006, 3.54059205]),
 'importances_std': array([0.0364208 , 0.00788286, 0.01233191, 0.00195267,
0.04552138,
        0.10845402, 0.03142234, 0.51582081, 0.00712065, 0.03561518,
        0.05189719, 0.03750401, 0.55511839]),
 'importances': array([[ 4.21780470e-01,  4.47578199e-01,  5.24408599e-01,
         4.73160410e-01,  4.99840633e-01],
       [ 3.82160776e-03,  1.44580414e-02,  1.84218654e-02,
         5.36588658e-03, -3.68333178e-03],
       [ 4.75590731e-02,  5.98691482e-02,  6.53492096e-02,
         3.25437839e-02,  3.88913056e-02],
       [ 8.44613611e-03,  3.60372142e-03,  7.20979226e-03,
         3.52744355e-03,  6.09918045e-03],
       [ 3.70942819e-01,  3.32201627e-01,  4.57748542e-01,
         4.39806226e-01,  3.99218573e-01],
       [ 3.71381796e+00,  3.83244494e+00,  3.53957912e+00,
         3.66649255e+00,  3.82404853e+00],
       [ 1.79736929e-01,  2.04168519e-01,  1.46547928e-01,
         1.41750098e-01,  2.22153336e-01],
       [ 1.15116016e+00,  1.48452974e+00,  8.97396052e-01,
```

```
      -1.30591205e-02,  1.22190271e+00],
    [ 3.69616494e-02,  2.36505434e-02,  3.31648267e-02,
      4.06906248e-02,  2.28488442e-02],
    [ 1.17912125e-01,  9.03279242e-02,  1.47000243e-01,
      7.07927461e-02,  1.68103256e-01],
    [ 2.00273377e-01,  3.15736082e-01,  3.47734846e-01,
      2.71264102e-01,  3.22886102e-01],
    [ 1.52586658e-02,  2.35206389e-02,  2.27468838e-02,
     -3.78078794e-02,  8.04320074e-02],
    [ 3.09618660e+00,  4.08848260e+00,  4.33813218e+00,
      3.11362033e+00,  3.06653852e+00]])}
```

permutation_importance()関数は辞書を返す関数で、以下の3つが格納
されています。

- importances: 特徴量ごとの重要度。特徴量ごとにn_repeats回シャッ
  フルして予測精度を出しているので、shapeは(特徴量の数、シャッ
  フル回数)になっている
- importances_mean:特徴量ごとのimportancesの平均
- importances_std:特徴量ごとのimportancesの標準偏差

今回は単純にimportances_meanを用いて特徴量の重要度を可視化する
ことにします。

```
# PFIを可視化するために、特徴量の名前と重要度を対応させたデータフレームを作成
df_pfi = pd.DataFrame(
    data={"var_name": X_test.columns, "importance": pfi["importances_mean"]}
).sort_values("importance")

# PFIを可視化
plot_bar(
    df_pfi["var_name"],
    df_pfi["importance"],
    xlabel="difference",
    title="Permutationによる特徴量の重要度(difference)",
)
```

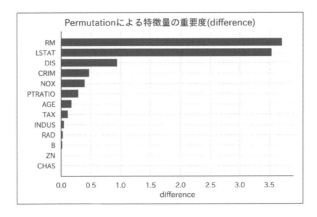

特に重要な特徴量が2つあり、平均的な部屋の数RMがモデルにとって最も重要な変数で、地域の低所得層の割合LSTATがそれに続いていることが分かります。重要な特徴量が特定できたので、4章以降ではこれらの特徴量について別の解釈手法を用いてより詳細に分析していきます。

3.9 　PFIの利点と注意点

本章のまとめとして、Permutation Feature Importanceの利点と注意点をまとめます。

利点

- どんな機械学習モデルに対しても、同じやり方で特徴量の重要度を計算できる
- 「特徴量の値をシャッフルして予測誤差の増加を見る」というアプローチは直感的に理解しやすい
- LOCOFIと比較して、計算時間量が抑えられる。また、LOCOFIとは異なり、単一の学習済みモデルに対して特徴量の重要度を計算できる

注意点

- 強く相関する特徴量の扱い
  - 強く相関する特徴量がモデルに入っている場合、重要度の食い合いが発生する。この場合、特徴量を 1 つのグループとしてまとめて値をシャッフルし、重要度を計算することで対応できる。同様に、緯度と経度をまとめて「位置情報」というグループとみなし重要度を計算するなど、グループ化をうまく使うことで解釈性を高めることができる
- 因果関係としての解釈
  - 特徴量の重要度から因果的な解釈を行うことには危険をともなう。特徴量重要度だけで因果関係を把握しようとするのではなく、重要度の高い特徴量についてより深く分析していくことが望ましい

　まとめると、いくつかの点に注意しながら PFI を用いることで、任意のブラックボックスモデルに対して、特徴量の重要度という解釈性を与えることができます。

　PFI による特徴量重要度は、モデルがどの特徴量の影響を強く受けているのかという非常にマクロな視点での解釈手法であり、モデルの振る舞いの概観をつかむには便利です。一方で、ひとつひとつの特徴量がどのようにモデルの予測値に影響を与えているかを知ることはできません。ある特徴量が大きくなったときに、モデルの予測値は大きくなるのか、それとも小さくなるのか。その関係は線形なのか、それとも非線形なのか。そういった関係を知るためには別の解釈手法を使う必要があります。

　4 章で紹介する Partial Dependence は、このような特徴量と予測値の関係を知る目的によく適した解釈手法です。まずは特徴量重要度でモデルの概観をつかみ、特に重要度の高い特徴量に対して Partial Dependence を用いて深堀りしていくことで、モデルの振る舞いをより深く解釈していくことができます。

参考文献

- Fisher, Aaron, Cynthia Rudin, and Francesca Dominici. "All Models are Wrong, but Many are Useful: Learning a Variable's Importance by Studying an Entire Class of Prediction Models Simultaneously." Journal of Machine Learning Research 20.177 (2019): 1-81.

- Strobl, Carolin, et al. "Bias in random forest variable importance measures: Illustrations, sources and a solution." BMC bioinformatics 8.1 (2007): 1-21.

- 陶山嶺.「Python実践入門──言語の力を引き出し、開発効率を高める」. 技術評論社. (2020).

- Molnar, Christoph. "Interpretable machine learning. A Guide for Making Black Box Models Explainable." (2019). https://christophm.github.io/interpretable-ml-book/.

- Limitations of Interpretable Machine Learning Methods: https://compstat-lmu.github.io/iml_methods_limitations/.

- Parr, Terence, Kerem Turgutlu, Christopher Csiszar, and Jeremy Howard. "Beware Default Random Forest Importances." (2018). https://explained.ai/rf-importance/.

- aotamasaki.「特徴量重要度にバイアスが生じる状況ご存知ですか?」. (2019). https://aotamasaki.hatenablog.com/entry/bias_in_feature_importances.

4章

特徴量と予測値の関係を知る
～Partial Dependence～

　3章ではPermutation（シャッフル）を用いた特徴量重要度の計算方法と、その使い方について紹介しました。特徴量重要度は非常にマクロな視点の解釈手法であり、モデルの振る舞いの概観をつかむ用途には適しています。

　一方で、特徴量の値が大きくなるとモデルはより大きい値を予測するようになるのか、それとも小さい値を予測するようになるのかという、各特徴量とモデルの予測値の関係を知りたい場合、特徴量重要度は示唆を与えてくれません。そこで、特徴量と予測値の関係をとらえるための手法として、4章ではPartial Dependenceを紹介します。

4.1 なぜ特徴量と予測値の関係を知る 必要があるのか

　3章ではPermutation（シャッフル）を用いた特徴量重要度の計算方法
と、その使い方について紹介しました。特徴量重要度は、ひとつひとつの
特徴量がモデルの予測値にどの程度影響するかを測定する、非常にマクロ
な視点の解釈手法です。そのため、モデルを解釈していくファーストス
テップとして、モデルの振る舞いの概観をつかむ用途には適しています。

　一方で、特徴量重要度からは、各特徴量とモデルの予測値の関係を知る
ことはできません。ある特徴量が大きくなると、モデルはより大きい値を
予測するようになるのか、それとも小さい値を予測するようになるのか。
関係は線形なのか、非線形なのか。そういった関係を知るためには、特徴
量重要度とは別の解釈手法を用いる必要があります。

　特徴量と予測値の関係の大枠をとらえたいという目的に最適な解釈手法
が**Partial Dependence（PD）**です[*1]。

　特徴量と予測値の関係を解釈できると、どのような利点があるのでしょ
うか？第一に考えられる用途はモデルのデバッグです。例えば、アイスの
売上を予測するモデルを考えましょう。おそらく気温が高くなればアイス
の売上は伸びるだろうと考えられます。作成した予測モデルをPDを用い
て解釈し、気温とアイスの売上に負の関係が見られた場合は、モデルか
データに何かバグが混入しているのではないかと予想が立てられます[*2]。

　第二の用途としては、特徴量と予測値の関係からアクションにつながる
仮説を構築することが挙げられます。先ほどと同様に、アイスの売上を予
測するモデルを考えましょう。モデルに入っている操作可能な特徴量[*3]の
うち、売上と正の関係があるものは増やし、負の関係があるものは減らす
ことで、売上の増加を促すことができそうです。例えば、広告出稿の量と
アイスの売上に正の関係があることが分かれば、広告出稿量を増加させる

[*1]　PDは可視化を通じて特徴量と予測値の関係を解釈するので、Partial Dependence Plot（PDP）
とPlotまで付けることが多いですが、本書では単にPDと呼びます。

[*2]　もちろん、モデルもデータも正しく、本当に負の関係があるのかもしれません。

[*3]　先ほどの例で出た、気温は操作不可能な特徴量です。一方で、例えば広告出稿の量などは操
作可能な特徴量です。

ことで売上の増加が見込めます。ただし、詳細は4.4節で記述しますが、PDで解釈された関係は必ずしも因果関係を意味しません。より正確に因果関係を把握したい場合は、適切な因果推論の手法を用いることが望ましいです。あくまでPDは因果関係の仮説を立てるために利用し、ビジネス上特に有用と考えられる仮説についてはより厳密な因果推論の手法で仮説の信頼性を高めていくのが良いでしょう。

　ここでは特徴量と予測値の関係を知ることが重要な理由を確認しましたが、具体的にどのようにして関係を把握すればよいでしょうか？　次節以降では、実際にデータとコードを通じて、特徴量と予測値の関係を探索していきます。

4.2 線形回帰モデルと回帰係数

　3章と同様に、シミュレーションデータを用いて特徴量と予測値の関係を探索していきます。まずは本章を通して必要な関数を読み込みます。

```
import sys
import warnings
from dataclasses import dataclass
from typing import Any  # 型ヒント用
from __future__ import annotations  # 型ヒント用

import numpy as np
import pandas as pd
import matplotlib.pyplot as plt
import seaborn as sns
import japanize_matplotlib  # matplotlibの日本語表示対応

# 自作モジュール
sys.path.append("..")
from mli.visualize import get_visualization_setting

np.random.seed(42)
```

```
pd.options.display.float_format = "{:.2f}".format
sns.set(**get_visualization_setting())
warnings.simplefilter("ignore")  # warningsを非表示に
```

4.2.1 シミュレーション1：線形の場合

最初のシミュレーションは以下の設定で行います。

$$Y = X + \epsilon,$$
$$X \sim \text{Uniform}(0, 1)$$
$$\epsilon \sim \mathcal{N}(0, \ 0.01)$$

特徴量は1つだけで、特徴量 X は区間 $[0, 1]$ の一様分布から生成される
とします。この特徴量 X に、正規分布から生成されるノイズ ϵ を足して
目的変数 Y とします。

この設定でデータを生成してみましょう。一様分布からシミュレーショ
ンデータを生成するために、numpyのrandomモジュールにあるuniform()
関数を利用します。正規分布からのデータ生成は3.2節で紹介した
normal()関数を用います。

```
from sklearn.model_selection import train_test_split


def generate_simulation_data1():
    """シミュレーション1のデータを生成"""

    N = 1000  # インスタンス数
    beta = np.array([1])  # 回帰係数

    X = np.random.uniform(0, 1, [N, 1])  # 一様分布から特徴量を生成
    epsilon = np.random.normal(0, 0.1, N)  # 正規分布からノイズを生成
    y = X @ beta + epsilon  # 線形和で目的変数を作成

    return train_test_split(X, y, test_size=0.2, random_state=42)
```

```
# シミュレーションデータの生成
X_train, X_test, y_train, y_test = generate_simulation_data1()
```

生成されたデータを可視化して確認します。

```
def plot_scatter(x, y, xlabel="X", ylabel="Y", title=None):
    """散布図を作成"""

    fig, ax = plt.subplots()
    sns.scatterplot(x, y, ci=None, alpha=0.3, ax=ax)
    ax.set(xlabel=xlabel, ylabel=ylabel)
    fig.suptitle(title)
    fig.show()
```

```
# 特徴量Xと目的変数Yの散布図を作成
plot_scatter(X_train[:, 0], y_train, title="XとYの散布図")
```

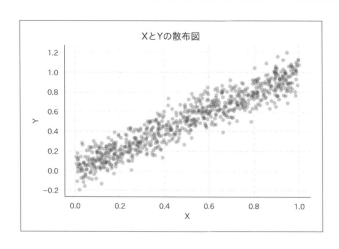

シミュレーションの設定からも明らかですが、特徴量 X と目的変数 Y には線形の関係が見てとれます。

それでは、実際に線形回帰モデルを用いてフィッティングを行い、予測

精度と回帰係数を確認します。

```python
from sklearn.linear_model import LinearRegression
# 2.3節で作成した精度評価関数
from mli.metrics import regression_metrics


# 線形回帰モデルの学習
lm = LinearRegression().fit(X_train, y_train)

# 予測精度を確認
regression_metrics(lm, X_test, y_test)
```

	RMSE	R2
0	0.09	0.91

```python
# 2.3 節で作成した回帰係数を取り出す関数
from mli.utility import get_coef


# 切片と特徴量Xの回帰係数を確認
df_coef = get_coef(lm, ['X'])
df_coef.T
```

	intercept	X
coef	0.02	0.98

　決定係数 R^2 は0.91であり、うまく予測できていそうです。今回はシミュレーションデータを用いており、真の関係 $Y = X + \epsilon$ が分かっています。この線形回帰モデルは、切片がほぼ0で係数がほぼ1となっており、きちんと実態を反映していると言えそうです。

　この線形回帰モデルの回帰係数は0.98なので、特徴量 X が1単位増加するとモデルの予測値が0.98増加することが分かります。このように、特徴量とモデルの予測値の関係を明示的に解釈できるのが線形回帰モデルの利点でした。

4.2.2 シミュレーション2：非線形の場合

線形回帰モデルは極めて高い解釈性を持つ一方で、非線形な関係をうまく学習できません。これを確認するために、特徴量 X と目的変数 Y に非線形な関係があるようなシミュレーションを考えてみましょう。

$$Y = 10\sin(X_0) + X_1 + \epsilon,$$
$$X_0 \sim \text{Uniform}(-2\pi, 2\pi)$$
$$X_1 \sim \text{Uniform}(-2\pi, 2\pi)$$
$$\epsilon \sim \mathcal{N}(0,\ 0.01)$$

ここで、特徴量 (X_0, X_1) は独立に区間 $[-2\pi, 2\pi]$ の一様分布から生成されるとしています。π は約3.14なので、大体プラスマイナス6の区間でデータは一様に生成されます。特徴量と目的変数 Y の関係に注目すると、特徴量 X_1 と目的変数 Y の関係は線形としています。一方で、特徴量 X_0 には非線形関数 $\sin(\cdot)$ で変換を行っているので、特徴量 X_0 と目的変数 Y は非線形な関係を持ちます。

それでは、実際にデータを生成し、可視化してみます。

```python
def generate_simulation_data2():
    """シミュレーション2のデータを生成"""

    N = 1000  # インスタンス数

    # 一様分布から特徴量を生成
    X = np.random.uniform(-np.pi * 2, np.pi * 2, [N, 2])
    epsilon = np.random.normal(0, 0.1, N)  # 正規分布からノイズを生成

    # 特徴量X0はsin関数で変換する
    y = 10 * np.sin(X[:, 0]) + X[:, 1] + epsilon

    return train_test_split(X, y, test_size=0.2, random_state=42)


# シミュレーションデータの生成
X_train, X_test, y_train, y_test = generate_simulation_data2()
```

```python
def plot_scatters(X, y, var_names, title=None):
    """目的変数と特徴量の散布図を作成"""

    # 特徴量の数だけ散布図を作成
    J = X.shape[1]
    fig, axes = plt.subplots(nrows=1, ncols=J, figsize=(4 * J, 4))

    for j, ax in enumerate(axes):
        sns.scatterplot(X[:, j], y, ci=None, alpha=0.3, ax=ax)
        ax.set(
            xlabel=var_names[j],
            ylabel="Y",
            xlim=(X.min() * 1.1, X.max() * 1.1)
        )
    fig.suptitle(title)

    fig.show()


# 特徴量ごとに目的変数との散布図を作成
plot_scatters(
    X_train, y_train, ["X0", "X1"], title="特徴量と目的変数の散布図"
)
```

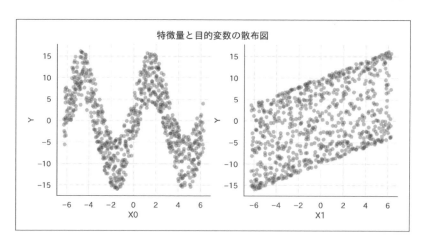

　特徴量 X_0 と目的変 Y に波のような非線形の関係があることが見てとれます。

　それでは、線形回帰モデルを用いて、このシミュレーションデータに対する予測精度と回帰係数を確認してみましょう。

```
# モデルの学習
lm = LinearRegression().fit(X_train, y_train)

# 予測精度の確認
regression_metrics(lm, X_test, y_test)
```

	RMSE	R2
0	6.67	0.23

```
# 切片と特徴量X0, X1の回帰係数を確認
df_coef = get_coef(lm, ['X0', 'X1'])
df_coef.T
```

	intercept	X0	X1
coef	-0.07	-0.67	1.04

　回帰係数を確認すると、特徴量 X_1 の係数はほぼ1とうまく推定できています。一方で、特徴量 X_0 の係数は -0.67 であり、この線形回帰モデルは特徴量 X_0 を1単位大きくするとモデルの予測値が0.67小さくなると予測しています。実際は、特徴量 X_0 と目的変数 Y は $10\sin(X_0)$ という非線形の関係になっているので、この線形回帰モデルは特徴量 X_0 と目的変数 Y の関係をうまく学習できているとは言えません。結果として、この線形回帰モデルの予測力は低く、決定係数 R^2 が0.23と低い水準になっています。

　このように、線形モデルは特徴量と目的変数の非線形な関係をうまく学習できません。そこで、非線形な関係をうまく学習できるモデルである Random Forest を用いて学習と予測を行い、精度を評価してみましょう。

```
from sklearn.ensemble import RandomForestRegressor


# Random Forestによる予測モデルの構築
rf = RandomForestRegressor(n_jobs=-1, random_state=42).fit(X_train, y_train)

# 予測精度の確認
regression_metrics(rf, X_test, y_test)
```

	RMSE	R2
0	0.63	0.99

　決定係数 R^2 は0.99であり、線形回帰モデルと比較して予測精度が大きく改善していることが見てとれます。一方で、Random Forestには回帰係数のようなものがなく、特徴量とモデルの予測値を線形回帰モデルのように解釈できません。

　そこで、Random Forestの高い予測精度という長所を活かしながらモデルに解釈性を与える手法として、本章ではPDを導入します。

4.3 Partial Dependence

4.3.1 1つのインスタンスの特徴量とモデルの予測値の関係

　Random Forestのように、複雑なブラックボックスモデルを用いた場合、特徴量と予測値の関係を解釈することは一筋縄ではいきません。解釈に向けた第一歩として、ある1つのインスタンスに関する特徴量と予測値の関係を深堀りしてみましょう。

　手始めに、インスタンス0を取り出してみます。

```
# インスタンス0を取り出す
i = 0
Xi = X_test[[i]]
```

```
# 特徴量を出力
Xi
```

```
array([[-4.51981541,  2.15082824]])
```

インスタンス0において、特徴量 (X_0, X_1) の値はそれぞれ -4.52 と 2.15 となっています。

```
# インスタンス0に対する予測値
print(f"(X0, X1)=(-4.52, 2.15)のときの予測値：{rf.predict(Xi)[0]:.2f}")
```

```
(X0, X1)=(-4.52, 2.15)のときの予測値：11.34
```

インスタンス0に対する予測値は11.34です。

ここで、「もしインスタンス0の特徴量 X_0 の値が（ -4.52 ではなく） -4 だったら」モデルはどんな予測値を出力するのかを考えてみましょう。つまり、他の特徴量 X_1 の値は一切変化しない状況で、特徴量 X_0 だけが -4 に増加した場合を考えます。モデルの予測値は大きくなるのでしょうか、それとも小さくなるのでしょうか。ある特徴量の値を置き換えたときの予測値を求める counterfactual_prediction() 関数を実装し、これを確認してみましょう[*4]。

```
def counterfactual_prediction(
    estimator, X, idx_to_replace, value_to_replace
):
    """ある特徴量の値を置き換えたときの予測値を求める

    Args:
        estimator: 学習済みモデル
```

[*4] 因果推論の分野では、実際に起きた事実に対して、「もし〜だったら（what-if）」という実際には起きていない事実を反事実（counterfactual）と呼びます。counterfactual_prediction() 関数も、実際の X_0 とは異なる値を入力した場合の予測を行っているので、反事実を予測していると言えます。

```
        X: 特徴量
        idx_to_replace: 値を置き換える特徴量のインデックス
        value_to_replace: 置き換える値
    """

    # 特徴量の値を置き換える際、元のデータが上書きされないようコピー
    X_replaced = X.copy()

    # 特徴量の値を置き換えて予測
    X_replaced[:, idx_to_replace] = value_to_replace
    y_pred = estimator.predict(X_replaced)

    return y_pred


# X0の値を-4に置き換えた場合の予測値
cp = counterfactual_prediction(rf, Xi, 0, -4)[0]
print(f"(X0, X1)=(-4, 2.15)のときの予測値：{cp:.2f}")
```

```
(X0, X1)=(-4, 2.15)のときの予測値：9.94
```

　モデルの予測値は9.94となり、 $X_0 = -4.52$ のときの予測値11.34と比較して小さくなりました。

　さらに特徴量 X_0 の値を大きくして、 $X_0 = -3$ の場合を確認してみましょう。

```
# X0の値を-3置き換えた場合の予測値を出力
cp = counterfactual_prediction(rf, Xi, 0, -3)[0]
print(f"(X0, X1)=(-3, 2.15)のときの予測値：{cp:.2f}")
```

```
(X0, X1)=(-3, 2.15)のときの予測値：1.79
```

　モデルの予測値は1.79となり、予測値はさらに小さくなりました。

　このように、興味のある特徴量の値だけを動かし予測値の変化を見ていくことで、インスタンス0に関する特徴量と予測値の関係を知ることがで

きます。ここまでは $X_0 = -4$ と $X_0 = -3$ という特定のケースだけを見てきました。次はより一般的に、特徴量 X_0 の値をとり得る最小値 -2π から最大値 2π まで変化させた場合の予測値の推移を追いかけてみましょう。np.linspace()関数で -2π から 2π までを50分割した等差数列を作成し、それをcounterfactual_prediction()関数に与えることで、予測値の変化を確認します。

```
# X0のとりうる範囲を50個に分割
X0_range = np.linspace(-np.pi * 2, np.pi * 2, num=50)

# とりうる範囲でX0の値を動かして予測値を生成
cps = np.concatenate(
    [counterfactual_prediction(rf, Xi, 0, x) for x in X0_range]
)
cps
```

```
array([ 3.72747496,  5.35648566,  6.46803636,  9.81052742, 10.34656833,
       11.10597881, 11.25133659, 11.18031594, 10.8610084 ,  9.92394846,
        6.89326327,  5.0085197 ,  2.37358993,  1.47155612, -1.15791917,
       -4.55232128, -6.13612767, -7.03176711, -7.22416675, -7.11925117,
       -6.83872309, -5.46391118, -3.7255065 , -1.06292811,  1.06397094,
        3.94616855,  6.46706046,  8.25499836, 10.26496369, 11.23096435,
       11.37427655, 11.47102149, 11.19247837, 10.17956387,  8.64157563,
        6.74996686,  4.83458094,  0.96744961, -1.2455745 , -3.27593454,
       -4.91988178, -6.17947148, -6.8627974 , -6.96319808, -6.89121805,
       -6.35729808, -4.97703504, -2.93614326, -1.01799067,  0.23539247])
```

特徴量 X_0 のさまざまな値に変化した場合の予測値を生成できました。数字だけだと分かりにくいので、可視化してみましょう。

```
def plot_line(x, y, xlabel="X", ylabel="Y", title=None):
    """特徴量の値を変化させた場合の予測値の推移を可視化"""

    fig, ax = plt.subplots()
    ax.plot(x, y)
    ax.set(xlabel=xlabel, ylabel=ylabel)
```

```
    fig.suptitle(title)

    fig.show()


# 可視化
plot_line(
    X0_range,
    cps,
    "X0",
    "モデルの予測値", f"インスタンス{i}に関する特徴量X0と予測値の関係"
)
```

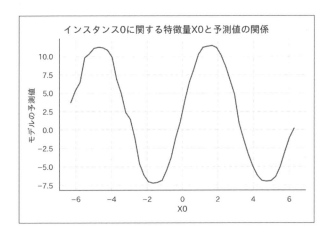

　インスタンス 0 において、特徴量 X_0 とモデルの予測値の関係を可視化できました。目的変数 Y と特徴量 X_0 の非線形な関係を明快に見てとることができます。実際、目的変数 Y と特徴量の関係は $Y = 10\sin(X_0) + X_1 + \epsilon$ となっており、モデルは目的変数と特徴量の関係をうまく学習していること、(あくまでもインスタンス 0 に限定されていますが)特徴量と予測値の関係をうまく可視化できていることが示唆されています[*5]。

---

*5　実は、このプロットは 5 章で紹介する Individual Conditional Expectation (ICE) と呼ばれる解釈手法に相当します。

　今回は、インスタンス0について、特徴量 X_0 の値を動かして予測値との関係を見ましたが、他のインスタンスだと、特徴量 X_0 と予測値はどのような関係になっているのでしょうか？　次の例として、インスタンス10を取り出してみます。

```
# インスタンス10を取り出す
i = 10
Xi = X_test[[i]]

# 特徴量を出力
Xi
```

```
array([[ 0.91787536, -2.19646089]])
```

　インスタンス10において、特徴量 (X_0, X_1) の値は $(0.92, -2.20)$ となっています。インスタンス0では $(X_0, X_1) = (-4.52, 2.15)$ だったので、特徴量 (X_0, X_1) の値はともに異なっています。

```
# インスタンス10に対する予測値
print(f"(X0, X1)=(0.92, -2.20)のときの予測値：{rf.predict(Xi)[0]:.2f}")
```

```
(X0, X1)=(0.92, -2.20)のときの予測値：5.39
```

　インスタンス10に対する予測値は5.39です。
　インスタンス10についても、インスタンス0と同じように特徴量 X_0 の値のみを変化させた場合の予測値の推移を可視化してみましょう。

```
# インスタンス10についてもX0の値を動かして予測値を生成
cps = np.concatenate(
    [counterfactual_prediction(rf, Xi, 0, x) for x in X0_range]
)

# 可視化
```

```
plot_line(
    X0_range,
    cps,
    "X0",
    "モデルの予測値",
    f"インスタンス{i}に関する特徴量X0と予測値の関係"
)
```

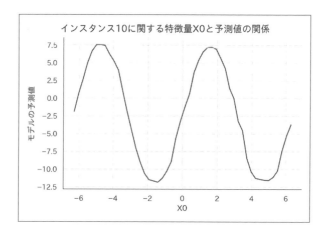

インスタンス0の場合と見比べると、予測値の水準自体は小さくなっていますが、グラフの形状は非常に似通っていることが見てとれます。特徴量 X_0 とモデルの予測値にはどのインスタンスでも似通った関係があることが示唆されますが、それを確認するには他のインスタンスに対しても特徴量と予測値の関係を可視化する必要があります。

4.3.2　すべてのインスタンスに対する特徴量と　　　予測値の平均的な関係

これまで、ひとつひとつのインスタンスに対して特徴量と予測値の関係を見てきました。しかし、すべてのインスタンスに対して特徴量と予測値の関係を見るのは骨が折れる作業です。また、インスタンスごとの特徴量と予測値の詳細な関係に深入りする前に、まずはデータ全体での特徴量と予測値の関係を大枠でつかみたいというのが実践的な感覚でしょう。そこ

で、インスタンスごとの細かい差異が消えてしまうことには目をつぶり、特徴量と予測値の平均的な関係を見てみることにしましょう。

具体的には、ここまで計算してきたようにインスタンスごとに特徴量 X_0 と予測値の関係を計算し、それをすべてのインスタンスで平均するという操作を行います。これは、counterfactual_prediction() 関数にインスタンスを1つだけ与えるのではなく、テストデータに含まれるすべてのインスタンスを与え、その予測値を平均することで計算できます。

```python
# すべてのインスタンスに対して予測値を出し、インスタンスごとの結果を平均する
avg_cps = np.array(
    [counterfactual_prediction(rf, X_test, 0, x).mean() for x in X0_range]
)

# 可視化
plot_line(
    X0_range,
    avg_cps,
    "X0",
    "モデルの予測値の平均",
    "特徴量X0と予測値の平均的な関係"
)
```

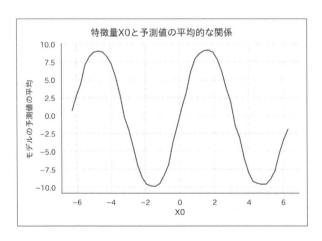

　特徴量 X_0 とモデルの予測値の平均的な関係を可視化することに成功しました。平均的な関係は、個別に確認したインスタンス0やインスタンス10の関係と類似していることが分かります。

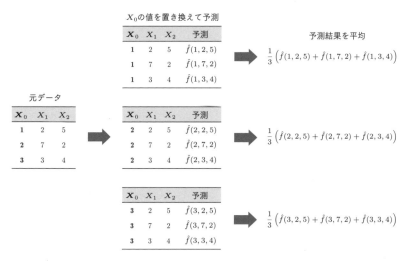

■ 図4.1／PDのアルゴリズム

　このように、「他の特徴量を固定して興味のある特徴量だけを動かし、各インスタンスの予測値を平均して可視化する」解釈手法は**Partial Dependence（PD）** と呼ばれています。PDのアルゴリズムを図4.1に示しました。

　PDは特徴量と予測値の関係を大枠でつかむことができる非常に強力な手法です。まずは特徴量重要度でモデルに大きな影響を与える特徴量を特定し、そのあとPDを用いて重要な特徴量と予測値の関係を見る、というのが実践的な利用方法になります。

　具体的に、テレビCMがどのくらい視聴されるかを予測するモデルを構築することを例にとって、分析の流れを考えてみます。CMが放送された曜日・時間帯・放送局などの情報だけでなく、どんなタレントが出演しているか、BGMの有無などの情報も特徴量として入力したとします。まずはPFIを用いて特徴量の重要度を確認すると、時間帯が最も重要な特徴量

であることが分かりました。この場合、次にPDを用いて0時から24時まで時間帯の特徴量を動かし、予測の平均値を確認することで、予測に強い影響を与える時間帯による予測値の平均的な変化を知ることができます。個別に見ていくと曜日や放送局によって差が出てきますが、平均的にはプライムタイムに放送されたCMはよく視聴されていて、深夜に放送されたCMはあまり視聴されないといった傾向が見てとれた、というような傾向が見つかるかもしれません。

このように、複数の解釈手法を併用することで、モデルの振る舞いをより詳細に見てとることができます。

4.3.3 Partial Dependenceクラスの実装

ここまで、PDの計算を順に追って確認することで、PDに対する理解を深めて来ました。最後に、これまでの計算過程をPartialDependenceクラスとして実装し、まとめておきましょう。PartialDependenceクラスは5章でも利用するので、mli.interpretモジュールに保存しておきます。

```
@dataclass
class PartialDependence:
    """Partial Dependence (PD)

    Args:
        estimator: 学習済みモデル
        X: 特徴量
        var_names: 特徴量の名前
    """

    estimator: Any
    X: np.ndarray
    var_names: list[str]

    def _counterfactual_prediction(
        self,
        idx_to_replace: int,
        value_to_replace: float,
```

```python
    ) -> np.ndarray:
        """ある特徴量の値を置き換えたときの予測値を求める

        Args:
            idx_to_replace: 値を置き換える特徴量のインデックス
            value_to_replace: 置き換える値
        """

        # 特徴量の値を置き換える際、元データが上書きされないようコピー
        X_replaced = self.X.copy()

        # 特徴量の値を置き換えて予測
        X_replaced[:, idx_to_replace] = value_to_replace
        y_pred = self.estimator.predict(X_replaced)

        return y_pred

    def partial_dependence(
        self,
        var_name: str,
        n_grid: int = 50
    ) -> None:
        """PDを求める

        Args:
            var_name:
                PDを計算したい特徴量の名前
            n_grid:
                グリッドを何分割するか
                細かすぎると値が荒れるが、粗すぎるとうまく関係をとらえられない
                デフォルトは50
        """

        # 可視化の際に用いるのでターゲットの変数名を保存
        self.target_var_name = var_name
        # 変数名に対応するインデックスをもってくる
        var_index = self.var_names.index(var_name)

        # ターゲットの変数をとり得る値の最大値から最小値まで動かせるようにする
```

```
    value_range = np.linspace(
        self.X[:, var_index].min(),
        self.X[:, var_index].max(),
        num=n_grid
    )

    # インスタンスごとのモデルの予測値を平均
    average_prediction = np.array([
        self._counterfactual_prediction(var_index, x).mean()
        for x in value_range
    ])

    # データフレームとしてまとめる
    self.df_partial_dependence = pd.DataFrame(
        data={var_name: value_range, "avg_pred": average_prediction}
    )

def plot(self, ylim: list[float] | None = None) -> None:
    """PDを可視化

    Args:
        ylim:
            Y軸の範囲
            特に指定しなければavg_predictionの範囲となる
            異なる特徴量のPDを比較したいときなどに指定する
    """

    fig, ax = plt.subplots()
    ax.plot(
        self.df_partial_dependence[self.target_var_name],
        self.df_partial_dependence["avg_pred"],
    )
    ax.set(
        xlabel=self.target_var_name,
        ylabel="Average Prediction",
        ylim=ylim
    )
    fig.suptitle(f"Partial Dependence Plot ({self.target_var_name})")

    fig.show()
```

　実装したPartialDependenceクラスを利用して、特徴量 X_1 に対する PDを可視化してみます。

```
# PDのインスタンスを作成
# pandasと重複するので、変数名はpdではなくpdp(partial dependence plot)とした
pdp = PartialDependence(rf, X_test, ["X0", "X1"])

# X1に対するPDを計算
pdp.partial_dependence("X1", n_grid=50)

# PDを可視化
pdp.plot()
```

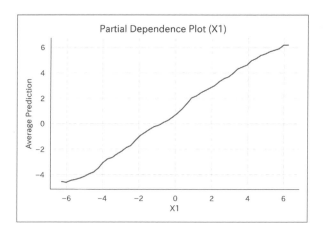

　特徴量 X_1 が1単位増加すると、モデルの予測値が平均的には1程度増加することが見てとれます。シミュレーション2の設定が $Y = 10\sin(X_0) + X_1 + \epsilon$ であったことを思い出すと、モデルは特徴量と目的変数の関係をうまく学習できており、さらにPDは特徴量 X_1 とモデルの予測値の関係をうまくとらえることができていると言えそうです。

4.3.4 Partial Dependenceの数式表現

　複雑なブラックボックスモデルに対して、たくさんの特徴量と予測値の複雑な関係を直接解釈するのは難しくても、1つの特徴量と予測値に関する平均的な関係に焦点を当てれば人間にも解釈できるくらい単純化できるのではないか、というのがPDのアイデアでした。ある特徴量の値が変化したときの予測値の変化は、他の特徴量の値にも依存するわけですが、それを細かく見ていくのではなく平均して1つにまとめてしまおう、という発想です。これまではデータと実装を通じてPDについての理解を深めて来ましたが、ここでPDの数学的な表現についても確認しておきます。コードと数式の両面から解釈手法を見ていくことで、解釈手法をより深く理解できます。

　まずは、実装例で用いた特徴量が2つの場合を例にとって、PDの数式を追っていきましょう。学習済みモデルを $\hat{f}(X_0, X_1)$ とします。(X_0, X_1) はモデルに投入した特徴量です。いま、入出力の平均的な関係を知りたい特徴量が X_0 だとします。このとき、PDでは特徴量 X_0 の値のみを変化させて各インスタンスの予測値を出し、それを平均することで特徴量 X_0 とモデルの予測値の平均的な関係を確認していました。特徴量 X_0 の値が x_0 の場合の平均的な予測値を $\widehat{\mathrm{PD}}_0(x_0)$ とすると、

$$\widehat{\mathrm{PD}}_0(x_0) = \frac{1}{N} \sum_{i=1}^{N} \hat{f}(x_0, x_{i,1})$$

のように表現できます[*6]。

　より一般的に、特徴量 $\mathbf{X} = (X_1, \ldots, X_J)$ を入力とした学習済みモデルを $\hat{f}(\mathbf{X})$ とします。入出力の関係を知りたいターゲットの特徴量を X_j とし、それ以外の特徴量を $\mathbf{X}_{\backslash j} = (X_1, \ldots, X_{j-1}, X_{j+1}, \ldots, X_J)$ と表記します。インスタンス i の特徴量 j の実測値は $x_{i,j}$ で、特徴量 j 以外の実

[*6] 1.7節でもふれたように、本書では、特徴量 X の値を直接的に指定する場合に小文字の x を用いています。本文中の例を用いると、インスタンス i の特徴量 X_0 の値を1にした場合の予測値は $\hat{f}(1, x_{i,1})$、特徴量 X_0 の値を3にした場合の予測値は $\hat{f}(3, x_{i,1})$ のように表現します。これを一般化して、インスタンス i の特徴量 X_0 の値を x_0 にした場合の予測値を $\hat{f}(x_0, x_{i,1})$ と表記しています。

測値は $\mathbf{x}_{i,\backslash j} = (x_{i,1}, \ldots, x_{i,j-1}, x_{i,j+1}, \ldots, x_{i,J})$ です。このとき、特徴量 X_j の値が x_j の場合の平均的な予測値を表す $\widehat{\mathrm{PD}}_j(x_j)$ は

$$\widehat{\mathrm{PD}}_j(x_j) = \frac{1}{N} \sum_{i=1}^{N} \hat{f}(x_j, \mathbf{x}_{i,\backslash j})$$

となります。

なお、平均をとることでターゲットの特徴量以外の影響を単純化するという操作は、数学的には、興味のある特徴量以外はその期待値をとることで消してしまう**周辺化**と呼ばれる操作に相当します。

$$\mathrm{PD}_j(x_j) = \mathbb{E}\left[\hat{f}(x_j, \mathbf{X}_{\backslash j})\right] = \int \hat{f}(x_j, \mathbf{x}_{\backslash j})p(\mathbf{x}_{\backslash j})d\mathbf{x}_{\backslash j}$$

ここで、$\mathbb{E}\left[\hat{f}(x_j, \mathbf{X}_{\backslash j})\right]$ は確率分布 $p(\mathbf{x}_{\backslash j})$ を用いて期待値をとることを意味しています[*7]。

$\mathrm{PD}_j(x_j)$ は **Partial Dependence Function** と呼ばれています。本来は、Partial Dependence Function $\mathrm{PD}_j(x_j)$ が先にあり、$\mathrm{PD}_j(x_j)$ をデータから推定するのが $\widehat{\mathrm{PD}}_j(x_j)$ であるという関係になりますが、説明のため順序を逆にしました。このように「周辺化によってターゲットの特徴量以外の影響を単純化してしまう」操作は6章でも再度登場します。

少し抽象的な話になってしまったので、特徴量が2つの学習済み線形回帰モデル

$$\hat{f}(X_0, X_1) = \hat{\beta}_0 X_0 + \hat{\beta}_1 X_1$$

を例にとって、具体的な Partial Dependence Function を確認してみましょう。特徴量 X_0 に関する Partial Dependence Function は

[*7]　条件付き期待値

$$\mathbb{E}\left[\hat{f}(x_j, \mathbf{X}_{\backslash j})|X_j = x_j\right] = \int \hat{f}(x_j, \mathbf{x}_{\backslash j})p(\mathbf{x}_{\backslash j} \mid x_j)d\mathbf{x}_{\backslash j}$$

とは異なることに注意してください。条件付き期待値では確率密度関数として $p(\mathbf{x}_{\backslash j})$ ではなく $p(\mathbf{x}_{\backslash j} \mid x_j)$ になります。

$$\mathrm{PD}_0(x_0) = \mathbb{E}\left[\hat{f}(x_0, X_1)\right]$$

$$= \mathbb{E}\left[\hat{\beta}_0 x_0 + \hat{\beta}_1 X_1\right]$$

$$= \hat{\beta}_0 x_0 + \hat{\beta}_1 \mathbb{E}\left[X_1\right]$$

となります。つまり、特徴量 X_0 に関する Partial Dependence Function は、切片が $\hat{\beta}_1\mathbb{E}[X_1]$ で、傾きが $\hat{\beta}_0$ の一次関数になっています。線形回帰モデルの Partial Dependence Function から、特徴量 X_0 と予測値の平均的な関係は線形になっていること、さらには特徴量 X_0 が1単位増加したとき、予測値は平均的に $\hat{\beta}_0$ だけ変化することが分かります。これは線形回帰モデルの解釈と一致し、PDが（少なくとも線形回帰モデルに関しては）モデルに対してもっともらしい解釈を与えていることが確認できます。このように、解釈手法の数学的な側面を理解することで、手法の理論的な振る舞いを確認し、理解を深めることができます。

4.4 Partial Dependence は因果関係として解釈できるのか

　PDは1つの特徴量とモデルの予測値の平均的な関係を見る解釈手法でした。1つの特徴量と目的変数の関係を見るのであれば、単に特徴量と目的変数の散布図を確認すれば事足りるようにも思えます。実際、シミュレーション2の散布図を確認すると、特徴量 X_0 と目的変数 Y の非線形な関係が十分に認識できそうです。

4.4.1 シミュレーション3：相関関係と因果関係

　それでは、PDを確認する意味はないのでしょうか？　実はそうではありません。PDは一度すべての特徴量を用いてモデルを学習しているので、ターゲット以外の特徴量の影響を考慮した上で、ターゲットの特徴量とモデルの予測値の関係を見ています。一方で、単純な散布図では他の特徴量の影響は考慮せずにターゲットの特徴量と目的変数の関係を見ていること

になります。両者の差を確認するため、具体的に以下の設定でシミュレーションを行います。

$$Y = X_1 + \epsilon,$$

$$\begin{pmatrix} X_0, \\ X_1 \end{pmatrix} \sim \mathcal{N} \left(\begin{pmatrix} 0 \\ 0 \end{pmatrix}, \begin{pmatrix} 1 & 0.95 \\ 0.95 & 1 \end{pmatrix} \right),$$

$$\epsilon \sim \mathcal{N}(0, \ 0.01)$$

特徴量 X_1 は目的変数 Y に影響を与えるが、特徴量 X_0 はまったく影響を与えない、という設定になっています。また、特徴量 X_0 と特徴量 X_1 は強く相関しています。

```python
def generate_simulation_data3():
    """シミュレーション3のデータを生成"""

    N = 1000  # インスタンス数
    beta = np.array([0, 1])  # 回帰係数

    # 多変量正規分布から強く相関するデータを生成
    mu = np.array([0, 0])
    Sigma = np.array([[1, 0.95], [0.95, 1]])
    X = np.random.multivariate_normal(mu, Sigma, N)
    epsilon = np.random.normal(0, 0.1, N)  # 正規分布からノイズを生成
    y = X @ beta + epsilon  # 線形和で目的変数を作成

    return train_test_split(X, y, test_size=0.2, random_state=42)


# シミュレーションデータの生成
X_train, X_test, y_train, y_test = generate_simulation_data3()
```

早速、特徴量 X_0 と目的変数 Y の関係を散布図で可視化してみましょう。

```python
# 散布図を作成
plot_scatter(X_train[:, 0], y_train, xlabel="X0", title="X0とYの散布図")
```

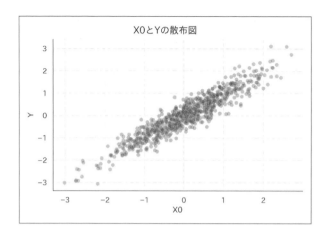

散布図を見ると、特徴量 X_0 と目的変数 Y には正の相関があるように見えます。しかし、シミュレーションの設定を思い出すと $Y = X_1 + \epsilon$ であり、特徴量 X_0 は目的変数 Y に一切影響を与えません。これは「特徴量 X_1 と目的変数 Y に正の相関があり、また特徴量 X_0 と特徴量 X_1 にも正の相関があるので、結果として特徴量 X_0 と目的変数 Y に正の相関がある」ということなのですが、散布図だけ見ると、これを「特徴量 X_0 の値が大きくなると目的変数 Y の値も大きくなる」という因果関係として解釈してしまう危険性があります。散布図ではあくまで特徴量 X_0 と目的変数 Y の単純な関係しか現れておらず、特徴量 X_1 は考慮されていないことが原因です。

一方で、PD は特徴量 X_1 の影響を取り込むことができます。まずは特徴量 (X_0, X_1) をともにモデルに投入し、学習を行います。

```
# Random_Forestによる予測モデルの構築
rf = RandomForestRegressor(n_jobs=-1, random_state=42).fit(X_train, y_train)

# 予測精度の確認
regression_metrics(rf, X_test, y_test)
```

	RMSE	R2
0	0.12	0.99

　モデルはうまく特徴量と目的変数の関係を学習できています。この学習済みモデルを用いて、特徴量 X_0 に対する PD を計算し、可視化してみましょう。

```
# PDのインスタンスを作成
pdp = PartialDependence(rf, X_test, ["X0", "X1"])

# X0に対するPDを計算
pdp.partial_dependence("X0", n_grid=50)

# PDを可視化
pdp.plot(ylim=(y_train.min(), y_train.max()))
```

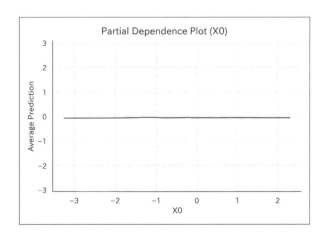

　PD を確認すると、特徴量 X_0 が変化してもモデルの予測にほとんど影響を与えないことが見てとれます。特徴量 (X_0, X_1) をともにモデリングし、モデルを通して PD で結果を解釈することで、特徴量 X_0 と目的変数 Y に正の相関があるという間違った解釈を避けることができました。このように、もしモデルが特徴量と目的変数の関係をうまく学習できているなら、PD を用いることでひとつひとつの特徴量と目的変数の平均的な関

係を知ることができます。

　実際、もしモデルが特徴量 (X_0, X_1) と目的変数 Y の関係を完璧に学習していれば、

$$\hat{f}(X_0, X_1) = X_1$$

となるので、特徴量 X_0 に対する Partial Dependence Function は

$$\mathrm{PD}_0(x_0) = \mathbb{E}\left[\hat{f}(x_0, X_1)\right] = \mathbb{E}[X_1] = 0$$

となることが数式からも分かります。

　同様に、特徴量 X_1 に対する Partial Dependence Function は以下になります。

$$\mathrm{PD}_1(x_1) = \mathbb{E}\left[\hat{f}(X_0, x_1)\right] = \mathbb{E}[x_1] = x_1$$

　実際に可視化を行うことで、この関係が成り立っていることが確認できます。

```
# X1に対するPDを計算、可視化
pdp.partial_dependence("X1", n_grid=50)
pdp.plot(ylim=(y_train.min(), y_train.max()))
```

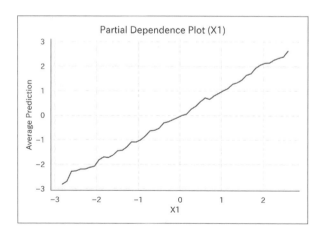

4.4.2 PDを因果関係として解釈することの危険性

　繰り返しになりますが、このように、もしモデルが特徴量と目的変数の
関係をうまく学習できているなら、ひとつひとつの特徴量と目的変数の関
係をPDを用いることで解釈できます。逆に言うと、もしモデルが特徴量
と目的変数の関係をうまく学習できていないなら、PDの結果を「特徴量
と目的変数の関係」として解釈すると間違った結論を導く危険性がありま
す。

　具体的に、同じ設定のシミュレーションデータを用いて、モデルには特
徴量 X_0 しか入力せず、特徴量 X_1 は利用しない場合のPDを確認してみ
ます。

```
# モデルの学習
rf = RandomForestRegressor(n_jobs=-1, random_state=42)
rf.fit(X_train[:, [0]], y_train)

# PDのインスタンスを作成
pdp = PartialDependence(rf, X_test[:, [0]], ["X0"])

# X0に対するPDを計算
pdp.partial_dependence("X0", n_grid=50)

# PDを可視化
pdp.plot(ylim=(y_train.min(), y_train.max()))
```

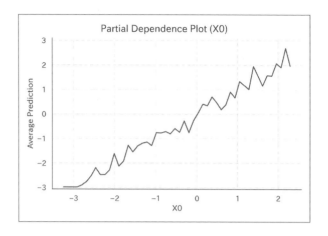

この場合、モデルは「本当に目的変数 Y に影響を与える特徴量」である特徴量 X_1 の影響を取り込めないので、特徴量 X_0 と目的変数 Y に正の関係があると学習するようになります[8]。結果として、特徴量 X_0 が大きくなるにつれてモデルの予測値は大きくなるので、右上がりのPDが作成されます。

よって、このPDを「特徴量 X_0 と目的変数 Y の因果関係」として解釈すると誤っているということになります。このように、PDを因果関係として解釈できるかどうかは、モデルが特徴量と目的変数の関係をうまくとらえられているかに依存します。

ここで問題になるのは、「モデルが特徴量と目的変数の関係を正しく学習できている」ことを機械的に判別することは非常に困難だということです。例えば、このモデルの予測精度を確認してみましょう。

```
# 予測精度の確認
regression_metrics(rf, X_test[:, [0]], y_test)
```

	RMSE	R2
0	0.36	0.89

---

[8]　3.6節で確認した、いわゆる擬似相関と同じ問題が起きています。

　モデルの予測精度は R^2 は 0.89 であり、うまく予測できているように見えます。特徴量 X_0 が特徴量 X_1 の代理として機能していて、特徴量 X_0 が大きいと目的変数 Y も大きくなると予測すると予測自体はうまくいくからです。この例からも分かるように、モデルが特徴量と目的変数の関係を正しく学習できているか否かは、予測精度を確認しても知ることはできません。

　このように、PD を因果関係として解釈することには常に危険がつきまといます。因果関係を知りたい場合は、PD の結果を盲目的に因果関係として解釈するのではなく、あくまで因果関係の仮説を構築するための手段として利用することを推奨します。モデルの妥当性を丁寧に検証し、より厳密な因果推論の手法を併用することで、より頑健な因果関係を知ることができます[*9]。

　なお、今回の PD を「特徴量 X_0 とモデルの予測値の平均的な関係」と解釈をする分には問題はありません。実際、特徴量 X_0 の値が大きくなると、モデルの予測値も大きくなるからです。1.4 節でも紹介したように、機械学習の解釈手法には比較的安全な使い方から危険な使い方までいくつかの段階が存在します。PD を「特徴量とモデルの予測値の関係」というモデルの振る舞いとして解釈するのは、因果関係として解釈するよりも安全な利用法になります[*10]。

4.5　実データでの分析

　ここまではシミュレーションデータを用いて、実際に PD のアルゴリズムを実装することで PD の挙動を確認してきました。本節では、実データであるボストンの住宅価格データセットに PD を適用し、モデルを解釈していきます。

[*9]　PD と因果関係についてのより詳細な議論は Zhao and Hastie（2021）をご確認ください。

[*10]　もちろん、PD をモデルの振る舞いとして解釈することはいつでも安全というわけではなく、誤った解釈をしてしまうケースも存在します。5 章ではそのような例を紹介し、別の解釈手法でその問題が解決できることを示します。

4.5.1 PDによる可視化

まずは、2.3節で用いたデータとモデルを再度読み込みます。

```
import joblib

# データと学習済みモデルを読み込む
X_train, X_test, y_train, y_test = joblib.load("../data/boston_housing.pkl")
rf = joblib.load("../model/boston_housing_rf.pkl")
```

データとモデルが出揃ったので、PDの計算に入ります。PFIと同様に、実務の際には自分で実装したPartialDependenceクラスではなく、OSSとして公開されているパッケージを利用することが想定されます。scikit-learnのinspectionモジュールにPDを計算するpartial_dependence()関数が用意されているので、こちらを利用しましょう。

partial_dependence()関数に学習済みモデルとPDを計算するためのデータを与え、PDを計算したい特徴量を指定することで、指定された特徴量に対するPDが計算できます。引数kindに"average"を指定することでPDを、"individual"を指定すると5章で紹介するIndividual Conditional Expectationを可視化できます。

まずは、特徴量重要度の最も高かった平均的な部屋の数RMに対してPDを計算してみます。

```
from sklearn.inspection import partial_dependence


# PDを計算
pdp = partial_dependence(
    estimator=rf,  # 学習済みモデル
    X=X_test,  # PDを計算したいデータ
    features=["RM"],  # PDを計算したい特徴量
    kind="average",  # PDは"average"、ICEは"individual"、両方は"both"
)
pdp
```

```
{'average': array([[18.66547229, 18.57526133, 18.56737376, 18.54758385,
18.3557727 ,
        18.52827679, 18.53226078, 18.54175193, 18.54552367, 18.54588063,
        18.54662548, 18.55045122, 18.55085761, 18.55495458, 18.54702239,
        18.64160021, 18.64353251, 18.58288335, 18.67271398, 18.67271398,
        18.67789295, 18.95742257, 18.96943722, 19.11834056, 19.10607532,
        19.12118527, 19.12879441, 19.12732714, 19.123495  , 19.12689931,
        19.13831759, 19.15118039, 19.17665401, 19.17552648, 19.20053275,
        19.21520746, 19.23094474, 19.23320045, 19.23219859, 19.23316058,
        19.2110902 , 19.20710238, 19.20476529, 19.19190103, 19.32569873,
        19.32573341, 19.9018527 , 19.94187968, 20.01937062, 20.03393345,
        20.03379949, 20.02617008, 20.02465524, 20.02805844, 20.02988654,
        20.02895378, 20.03337274, 20.02074318, 20.05631722, 20.06278711,
        20.11396812, 20.11265297, 20.12037627, 20.16133279, 20.17429266,
        20.19522938, 20.17183725, 20.17137193, 20.17527577, 20.18129779,
        20.19243815, 20.18326097, 20.18360585, 20.21784828, 21.63165771,
        21.7976398 , 21.81733771, 21.81551039, 21.83976939, 21.83992703,
        22.17796145, 22.91771608, 23.16135301, 23.21190938, 23.24016778,
        23.25426917, 23.25748977, 23.34117202, 25.6912134 , 25.92391083,
        27.54790612, 29.75412827, 31.69668096, 31.60618535, 31.55847608,
        38.73164898, 40.96419206, 41.03992904, 41.22003666]]),
 'values': [array([3.561, 4.519, 4.628, 4.88 , 5.036, 5.304, 5.344, 5.362,
5.39 ,
        5.414, 5.427, 5.453, 5.456, 5.572, 5.594, 5.605, 5.617, 5.701,
        5.708, 5.709, 5.713, 5.786, 5.794, 5.854, 5.869, 5.874, 5.876,
        5.879, 5.885, 5.898, 5.914, 5.936, 5.951, 5.96 , 5.976, 5.983,
        6.003, 6.004, 6.006, 6.009, 6.015, 6.02 , 6.023, 6.027, 6.064,
        6.065, 6.14 , 6.142, 6.167, 6.174, 6.185, 6.211, 6.216, 6.219,
        6.229, 6.232, 6.24 , 6.245, 6.279, 6.286, 6.297, 6.302, 6.312,
        6.326, 6.372, 6.389, 6.415, 6.416, 6.417, 6.426, 6.454, 6.461,
        6.471, 6.482, 6.545, 6.552, 6.575, 6.579, 6.593, 6.595, 6.657,
        6.701, 6.726, 6.728, 6.75 , 6.758, 6.762, 6.781, 6.849, 6.861,
        6.968, 6.98 , 7.185, 7.249, 7.313, 7.47 , 7.853, 7.875, 8.034])]}
```

　partial_dependence()関数は予測値の平均と特徴量の値をdictで返します。valuesに特徴量の値が、averageそのときの予測の平均値が格納されています。このデータを用いてPDを可視化することもできますが、PDの計算と可視化を同時に行う関数としてplot_partial_dependence()関数

が用意されています。

```python
from sklearn.inspection import plot_partial_dependence


# 何度か使うのでplot_partial_dependence()を利用した関数を作成しておく
def plot_boston_pd(var_name, var_name_jp):
    """PDを可視化する関数"""

    fig, ax = plt.subplots()
    plot_partial_dependence(
        estimator=rf,  # 学習済みモデル
        X=X_test,  # PDを計算したいデータ
        features=[var_name],  # PDを計算したい特徴量
        kind="average",  # PDは"average"、ICEは"individual"、両方は"both"
        ax=ax,
    )
    fig.suptitle(f"{var_name_jp}({var_name})のPartial Dependence Plot")

    fig.show()


plot_boston_pd("RM", "平均的な部屋の数")
```

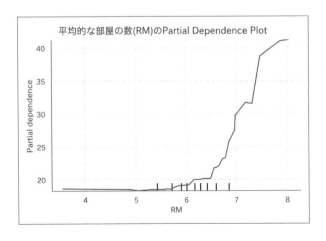

　自作のPartialDependenceクラスのplot()メソッドとの違いとして、plot_partial_dependence()関数ではデフォルトでX軸にバーコードのようなものが表示されます。これはどこにデータが密集しているかを表現しています。例えばこの図では、平均的な部屋の数RMは5部屋から7部屋のインスタンスが特に多いということになります。

　PDを確認すると、平均的な部屋の数RMが増加すると予測値の平均が大きくなることが分かります。特に、平均的な部屋の数RMが6部屋まではあまり部屋数が増加しても予測値は変化せず、6部屋以上になってからは平均的な部屋の数RMの増加が予測値に影響するという非線形な関係が見てとれます。

　同様にして、他の特徴量についてもPDを可視化してみましょう。今度は都心からの距離DISについてもPDを計算、可視化してみます。

```
# DISについてもPDを可視化
plot_boston_pd("DIS", "都心からの距離")
```

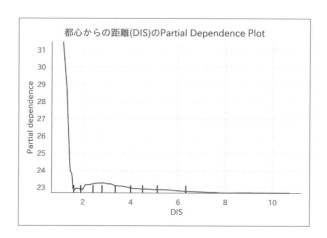

　都心から離れるほど予測値が小さくなる傾向があること、また、都心からの距離DISが予測値に与える影響には強い非線形性があることが見てとれます。一般的に都心ほど住宅価格は高いはずなので、この結果は感覚的に納得できます。

4.5.2 散布図による可視化

一方で、実は、単純に散布図だけを見ると、都心からの距離DISが増加するとむしろ住宅価格の平均値MEDVが増加する、という関係が見てとれます。実際に都心からの距離DISと住宅価格の平均値MEDVの散布図を確認してみましょう。後ほど利用するので、犯罪率CRIMと住宅価格の平均値MEDVの散布図と、都心からの距離DISと犯罪率CRIMの散布図も並べて表示します。

```python
from functools import partial


def plot_lowess():
    """MEDV, DIS, CRIMの関係を散布図とLOWESSで可視化"""

    # LOWESSによる回帰曲線を追加した散布図
    lowess_plot = partial(
        sns.regplot,
        lowess=True,
        ci=None,
        scatter_kws={"alpha": 0.3}
    )

    # 3つの散布図を並べて可視化
    fig, axes = plt.subplots(ncols=3, figsize=(12, 4))

    # 都心からの距離と住宅価格
    lowess_plot(x=X_test["DIS"], y=y_test, ax=axes[0])
    axes[0].set(xlabel="DIS", ylabel="MEDV")

    # 都心からの距離と犯罪率（対数）
    lowess_plot(x=X_test["DIS"], y=np.log(X_test["CRIM"]), ax=axes[1])
    axes[1].set(xlabel="DIS", ylabel="log(CRIM)")

    # 犯罪率（対数）と住宅価格
    lowess_plot(x=np.log(X_test["CRIM"]), y=y_test, ax=axes[2])
    axes[2].set(xlabel="log(CRIM)", ylabel="MEDV")
```

```
    fig.suptitle("住宅価格の平均値(MEDV)、都心からの距離(DIS)、犯罪率(CRIM)
の散布図")

    fig.show()


plot_lowess()
```

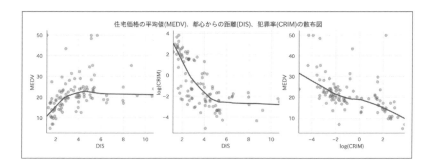

　単純な散布図だけだと特徴量と目的変数の関係を把握しにくいので、こ
こではLOWESS[11]と呼ばれる手法で回帰曲線を可視化しました。これは
変数間の非線形な関係をうまくとらえられる手法の1つで、seabornの
regplot()関数の引数をlowess=Trueとするだけで描写できます。同じ引
数を指定したregplot()関数を何度も利用するので、functoolsモジュー
ルのpartial()関数を用いて、引数指定済みの関数lowess_plot()を作成
しています。
　画像左の散布図を確認すると、都心からの距離DISが増加するにつれて
住宅価格の平均値MEDVが上がっていく関係が見てとれます。これは直感
に反する結果です。なぜ散布図ではこのような関係が確認されるのでしょ
うか？　4.4節でシミュレーションデータから確認したように、1つの特徴
量と目的変数の散布図だけを見ると、他の特徴量の影響を考慮できないこ
とが原因です。

＊ 11　https://en.wikipedia.org/wiki/Local_regression

　今回のボストンの住宅価格データにおいては、散布図から確認される「都心からの距離DISが増えると住宅価格の平均値MEDVが増える」という表面的な関係には、犯罪率CRIMが背後で関係しています。

　画像中央の散布図では、都心からの距離DISと犯罪率CRIMの関係が可視化されています[*12]。都心からの距離DISが大きくなるほど、犯罪率CRIMが小さくなることが見てとれます。

　さらに、画像の右の散布図では、犯罪率CRIMと住宅価格の平均値MEDVの関係が可視化されています。犯罪率CRIMが高くなると住宅価格の平均値MEDVが低くなることが分かります。

　つまり、このデータには都心から離れるほど犯罪率が低くなり、また犯罪率が低くなると住宅価格が高くなるという関係があります。その結果として、都心から離れるほど住宅価格が高くなるような関係が散布図には現れているということです。このように、単純な散布図では複数の特徴量の影響を考慮できず、散布図のみを用いてデータを解釈することには危険がともないます。

　一方で、PDは一度すべての特徴量を用いて関係を学習し、そこから特徴量と予測値の平均的な関係を計算しているので、犯罪率CRIMの影響を考慮に入れています。その結果として、「都心から離れるほど住宅価格の予測値が小さくなる」という直感に沿う関係を浮き彫りにすることができています。

　ただし、4.4節でも述べたように、この関係はあくまで特徴量とモデルの予測値の関係であり、これを因果関係として解釈するためには、モデルが正しい関係を学習できているという前提が必要です。より厳密に因果関係を検証したい場合は、適切な因果推論の手法を用いることを推奨します。

[*12] 関係をより明確に見るために、犯罪率CRIMの対数をとって可視化しました。

4.6 PDの利点と注意点

本章のまとめとして、Partial Dependenceの利点と注意点をまとめます。

利点

- どんな機械学習モデルに対しても、同じやり方で特徴量とモデルの予測値の平均的な関係を計算できる
- PDを確認することで、それぞれの特徴量がモデルの予測値にどのように影響を与えているのかを確認できる
- 予測モデルとしてブラックボックスモデルを採用できるので、特徴量と目的変数の非線形な関係をある程度自動的に考慮できる
- 特徴量と目的変数の一対一の関係だけでなく、他の特徴量の影響を考慮に入れることができる

注意点

- あくまでも特徴量とモデルの予測値の関係を表現していることに注意
  - モデルが特徴量と目的変数の関係を正しくとらえられていなければ、PDは因果関係として解釈することはできない
  - なお、モデルが特徴量と目的変数の関係を正しくとらえられていなくても、特徴量とモデルの予測値の関係として解釈する分には問題ない
- 特徴量とモデルの予測値の平均的な関係を表現していることに注意
  - 特徴量とモデルの予測値がインスタンスごとに違っても、その影響を無視してしまっている

まとめると、PDは任意のブラックボックスモデルに対して特徴量とモデルの予測値の平均的な関係を把握できる非常に強力な解釈手法です。PDを用いることで、特徴量の値が大きくなったときにモデルの予測値は

大きくなるのか、その関係は非線形なのかといった問いに答えることが可能になります。

　一方で、PD はあくまで平均的な関係に注目しているため、ひとつひとつのインスタンスにおいて、特徴量とモデルの予測値の関係が異なっても、その影響を考慮できません。

　例えば、子供に同じおもちゃをプレゼントしても、それをどのくらい嬉しいと思うかは子供の年齢によって異なると考えられます。

　5 章で紹介する Individual Conditional Expectation は、PD のように平均的な関係を見るのではなくインスタンスごとに特徴量と予測値の関係を確認する手法です。これは、前述のような、特徴量が目的変数に与える影響がインスタンスの属性ごとに異なる状況に適した解釈手法です。

　PD で平均的な関係をとらえるだけでなく、Individual Conditional Expectation でインスタンスごとの異質性を把握することで、モデルの振る舞いをより深く解釈していくことができます。

参考文献

- Friedman, Jerome H. "Greedy function approximation: a gradient boosting machine." Annals of statistics (2001): 1189-1232.
- Zhao, Qingyuan, and Trevor Hastie. "Causal interpretations of black-box models." Journal of Business & Economic Statistics 39.1 (2021): 272-281.
- Hastie, Trevor, Robert Tibshirani, and Jerome Friedman. "The elements of statistical learning: data mining, inference, and prediction." Springer Science & Business Media (2009).
- Molnar, Christoph. "Interpretable machine learning. A Guide for Making Black Box Models Explainable." (2019). https://christophm.github.io/interpretable-ml-book/.
- Limitations of Interpretable Machine Learning Methods: https://compstat-lmu.github.io/iml_methods_limitations/.

5章

インスタンスごとの異質性を
とらえる
～Individual Conditional
Expectation～

　4章では特徴量とモデルの予測値の平均的な関係を把握する手法として Partial Dependence を紹介しました。しかし、PD はあくまで平均的な関係に注目しているため、インスタンスごとに特徴量とモデルの予測値の関係が異なる場合、その影響を考慮できません。

　5章で紹介する Individual Conditional Expectation はインスタンスごとの特徴量と予測値の関係に注目する手法です。交互作用の存在する例を通じて、PD ではうまく解釈できないモデルの振る舞いをICE で解釈できることを確認します。

5.1 なぜインスタンスごとの異質性をとらえる必要があるのか

　4章ではPartial Dependenceを利用して特徴量とモデルの予測値の関係を解釈しました。PDでは特徴量と予測値の関係の大枠をつかむため、特徴量と予測値の平均的な関係を見ていました。

　しかし、現実を考えると、特徴量と予測値の関係はインスタンスごとに異なることが想定されます。例えば、飲食店の顧客満足度を予測するモデルを考えます。料理のボリュームと満足度の関係に注目すると、若年層は料理のボリュームが多くなると満足度が上がるが、高齢層は料理のボリュームが増えても満足度は上がらない、というような関係があるかもしれません。この場合、単純にPDで料理のボリュームとモデルの予測値の平均的な関係を見てしまうと、インスタンスごとの異質性に気づくことができません。このように、興味のある特徴量とモデルの予測値の関係が、他の属性によって異なる場合、単純にPDで平均的な関係を見るのではなく、インスタンスごとに、または属性ごとに関係を見ていく必要があります。

　インスタンスごとの異質性をとらえる手法が本章で紹介する**Individual Conditional Expectation (ICE)** です。PDのアルゴリズムを思い出すと、ひとつひとつのインスタンスに対する予測値を求めて、その平均をとっていました。

$$\widehat{\mathrm{PD}}_j(x_j) = \frac{1}{N} \sum_{i=1}^{N} \hat{f}\left(x_j, \mathbf{x}_{i,\setminus j}\right)$$

　ここで、$\hat{f}(\mathbf{X})$ は学習済みモデル、$\mathbf{x}_{i,\setminus j} = (x_{i,1}, \ldots, x_{i,j-1}, x_{i,j+1}, \ldots, x_{i,J})$ はインスタンス i に対する j 番目の特徴量を除いたベクトルを表しています。

　ここで平均をとらず、ひとつひとつのインスタンスにおける特徴量とモデルの予測値の関係に注目する手法がICEです。

$$\widehat{\mathrm{ICE}}_{i,j}(x_j) = \hat{f}(x_j, \mathbf{x}_{i,\setminus j})$$

ICEのアルゴリズムを図5.1に示しています。PDでは平均をとっていましたが、ICEでは平均をとらずに、インスタンスごとの予測値を個別に見ています[*1]。

X_0の値を置き換えて予測

インスタンス番号	X_0	X_1	X_2	ICE
0	1	2	5	$\text{ICE}_{0,0}(1) = \hat{f}(1, 2, 5)$
1	1	7	2	$\text{ICE}_{1,0}(1) = \hat{f}(1, 7, 2)$
2	1	3	4	$\text{ICE}_{2,0}(1) = \hat{f}(1, 3, 4)$

元データ

インスタンス番号	X_0	X_1	X_2
0	1	2	5
1	2	7	2
2	3	3	4

インスタンス番号	X_0	X_1	X_2	ICE
0	2	2	5	$\text{ICE}_{0,0}(2) = \hat{f}(2, 2, 5)$
1	2	7	2	$\text{ICE}_{1,0}(2) = \hat{f}(2, 7, 2)$
2	2	3	4	$\text{ICE}_{2,0}(2) = \hat{f}(2, 3, 4)$

インスタンス番号	X_0	X_1	X_2	ICE
0	3	2	5	$\text{ICE}_{0,0}(3) = \hat{f}(3, 2, 5)$
1	3	7	2	$\text{ICE}_{1,0}(3) = \hat{f}(3, 7, 2)$
2	3	3	4	$\text{ICE}_{2,0}(3) = \hat{f}(3, 3, 4)$

■ 図5.1／ICEのアルゴリズム

次節以降では、PDではモデルの振る舞いをうまく解釈できない例を通じてICEの理解を深めていきます。

[*1] ICEをすべてのインスタンスで平均するのがPDなので、PDを計算する際に実は暗黙的にICEも計算しています。実際、4.3節で1つのインスタンスに対して特徴量を動かした際の予測値の推移を可視化しましたが、これはICEに他なりません。

5.2 ▶ 交互作用とPDの限界

5.2.1 シミュレーションデータの生成

　それでは、シミュレーションデータの分析を通してICEの特性を確かめていきましょう。まずは本章を通して用いる関数を読み込みます。

```python
import sys
import warnings
from dataclasses import dataclass
from typing import Any  # 型ヒント用
from __future__ import annotations  # 型ヒント用

import numpy as np
import pandas as pd
import matplotlib.pyplot as plt
import seaborn as sns
import japanize_matplotlib  # matplotlibの日本語表示対応

# 自作モジュール
sys.path.append("..")
from mli.visualize import get_visualization_setting

np.random.seed(42)
pd.options.display.float_format = "{:.2f}".format
sns.set(**get_visualization_setting())
warnings.simplefilter("ignore")  # warningsを非表示に
```

　PDの限界点を知り、それがICEで克服されることを浮き彫りにするため、まずは以下のシミュレーションデータを用いた分析を行います。

$$Y = X_0 - 5X_1 + 10X_1X_2 + \epsilon,$$
$$X_0 \sim \text{Uniform}(-1, 1),$$
$$X_1 \sim \text{Uniform}(-1, 1),$$

$$X_2 \sim \text{Bernoulli}(0.5),$$
$$\epsilon \sim \mathcal{N}(0, 0.01)$$

ここで、特徴量 (X_0, X_1, X_2) はすべて独立な確率変数で、特徴量 (X_0, X_1) は区間 $[-1, 1]$ の一様分布から、特徴量 X_2 は 50%の確率で1になり、50%の確率で0になるベルヌーイ分布から生成されるとします。ノイズ ϵ は平均0、分散 0.01 の正規分布から生成されます。目的変数 Y はこれらの特徴量 (X_0, X_1, X_2) とノイズ ϵ から $Y = X_0 - 5X_1 + 10X_1X_2 + \epsilon$ として構成されます。つまり、$X_2 = 1$ のときは特徴量 X_1 には正の効果があり、$X_2 = 0$ のときは特徴量 X_1 には負の効果があるという、**交互作用**のある設定になっています。このように、特徴量 X_2 の値によって特徴量 X_1 と予測値の関係が変わってくる場合には、PDではうまく特徴量と予測値の関係をとらえられないことをこれから確認していきます。

まずは実際にシミュレーションデータを生成します。シミュレーションデータの生成は、例によってnumpyのrandomモジュールを利用します。ただし、今回使いたいベルヌーイ分布はrandomモジュールに関数が用意されていません。そこで、ベルヌーイ分布は試行回数が1回の二項分布であることを利用し、二項分布からデータを生成するbinomial()関数を用いてデータを生成します[*2]。

```python
from sklearn.model_selection import train_test_split


def generate_simulation_data():
    """シミュレーションデータを生成し、訓練データとテストデータに分割"""

    # シミュレーションの設定
    N = 1000

    # X0とX1は一様分布から生成
    x0 = np.random.uniform(-1, 1, N)
```

[*2]　二項分布 $\text{Binom}(N, p)$ は、成功確率 p のベルヌーイ試行を独立に N 回行った場合の成功回数が従う分布になります。よって、$N = 1$ の場合はベルヌーイ分布と一致します。

```
    x1 = np.random.uniform(-1, 1, N)
    # 二項分布の試行回数を1にすると成功確率0.5のベルヌーイ分布と一致
    x2 = np.random.binomial(1, 0.5, N)
    # ノイズは正規分布からデータを生成
    epsilon = np.random.normal(0, 0.1, N)

    # 特徴量をまとめる
    X = np.column_stack((x0, x1, x2))

    # 線形和で目的変数を作成
    y = x0 - 5 * x1 + 10 * x1 * x2 + epsilon

    return train_test_split(X, y, test_size=0.2, random_state=42)


# シミュレーションデータを生成
X_train, X_test, y_train, y_test = generate_simulation_data()
```

　今回のシミュレーションで興味のある特徴量の X_1 と目的変数 Y の散布図を確認しましょう。

```
def plot_scatter(x, y, title=None, xlabel=None, ylabel=None):
    """散布図を作成する"""
    fig, ax = plt.subplots()
    ax.scatter(x, y, alpha=0.3)
    ax.set(xlabel=xlabel, ylabel=ylabel)
    fig.suptitle(title)

    fig.show()


# 散布図を可視化
plot_scatter(
    X_train[:, 1], y_train, title="X1とYの散布図", xlabel="X1", ylabel="Y"
)
```

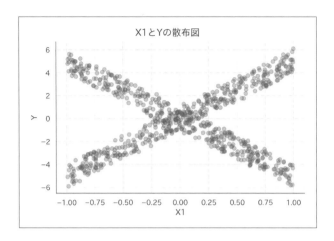

　シミュレーション設定からも分かることですが、特徴量 X_1 と目的変数 Y の散布図は十字になっています。$X_2 = 0$ の場合は右下がりのグループ、$X_2 = 1$ の場合は右上がりのグループとなっています。特徴量 X_0 の値によって、プラスマイナス1の範囲でブレがあることが分かります。そこに小さいノイズ U が足されています。

　PDを計算するため、ブラックボックスモデルである Random Forest を用いて学習を行います。Random Forest の予測精度の確認には2.3節で作成した regression_metrics() 関数を使います。

```
from sklearn.ensemble import RandomForestRegressor
from mli.metrics import regression_metrics  # 2.3節で作成した自作関数


# Random Forestで予測モデルを構築
rf = RandomForestRegressor(n_jobs=-1, random_state=42).fit(X_train, y_train)

# 予測精度を確認
regression_metrics(rf, X_test, y_test)
```

	RMSE	R2
0	0.31	0.99

R^2 は0.99であり、極めて高い精度で予測できていることが分かります。

5.2.2 PDの可視化

それでは、このシミュレーションデータに対して、PDを適用してみます。PDの計算には4.3節で作成したPartialDependenceクラスを用います。特徴量 X_1 について、PDを可視化してみましょう。

```
from mli.interpret import PartialDependence  # 4.3節で作成した自作クラス


# X1についてPDを計算し、可視化
pdp = PartialDependence(rf, X_test, ["X0", "X1", "X2"])
pdp.partial_dependence("X1")
pdp.plot(ylim=(-6, 6))
```

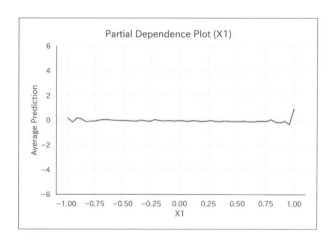

PDはほぼ水平に引かれています。PDの結果をストレートに解釈すると、特徴量 X_1 が変化してもモデルの予測値への影響はほとんどないとい

うことになります。

　私たちはシミュレーションデータの生成過程を知っているので、モデルがデータをうまく学習できているならこの解釈が間違っていることは明らかです。Random Forest は交互作用をうまく学習できるブラックボックスモデルですし、実際、先ほど確認したように $R^2 = 0.99$ と極めて高い予測精度を出していました。よって、ここで起きている問題は、モデルがデータをうまく学習できていないということではなく、PD が特徴量 X_1 とモデルの予測値の関係をうまく表現できていないということになります。

　原因は、PD は全データについて平均をとることにあります。全データで平均をとることで、$X_2 = 0$ のときの負の効果と $X_2 = 1$ のときの正の効果を相殺してしまっているのです。実際、PD の理論値を計算することで、モデルが特徴量と目的変数の関係を $\hat{f}(X_0, X_1, X_2) = X_0 - 5X_1 + 10X_1 X_2$ のように完璧に学習できていたとしても、PD が 0 になってしまうことが分かります。

$$
\begin{aligned}
\mathrm{PD}_1(x_1) &= \mathbb{E}\left[\hat{f}(X_0, x_1, X_2)\right] \\
&= \mathbb{E}\left[X_0 - 5x_1 + 10x_1 X_2\right] \\
&= \mathbb{E}\left[X_0\right] - 5x_1 + 10x_1 \mathbb{E}\left[X_2\right] \\
&= 0 - 5x_1 + 10x_1 \times 0.5 \\
&= 0
\end{aligned}
$$

　ここで、$\mathbb{E}[X_0] = 0$ は特徴量 X_0 が区間 $[-1, 1]$ の一様分布に従うのでその期待値は 0 になることを、また $\mathbb{E}[X_2] = 0.5$ は特徴量 X_2 が成功確率 0.5 のベルヌーイ分布に従うのでその期待値は 0.5 になることを利用しています。このように、PD では交互作用の相殺によって特徴量と予測値の関係がうまくとらえられないことが数式からも見てとれます。

　現実的には、実務で行う大部分のデータ分析において、大なり小なり交互作用は存在します。例えば、テレビ CM を流す時間帯が CM の視聴率に与える影響は、視聴者の属性によって異なります。平日の日中に CM を流すと、学生やサラリーマンが CM を見る可能性は低くなりますが、専業主

夫／専業主婦や定年を迎えた世代がCMを見る可能性は十分にあります。もちろんすべての交互作用を考慮することは不可能ですが、交互作用の存在を常に意識し、大きな影響が想定される場合は適切な手法を用いて対処することが重要です。

　以降では、PDが交互作用にうまく対処できない問題に対処する手法として、ICEを紹介します。

5.3 Individual Conditional Expectation

　PDでは交互作用がある場合にうまく特徴量とモデルの予測値の関係をうまく可視化できず、ミスリーディングな解釈を与えてしまうことが分かりました。そこで、平均をとらず、ひとつひとつのインスタンスに対して特徴量とモデルの予測値の関係を確認していく手法がICEになります。

　モデルが特徴量と目的変数の関係を正確に学習できているとします。このとき、ICEの理論値は

$$\mathrm{ICE}_{i,1}(x_1) = \hat{f}(x_{i,0}, x_1, x_{i,2})$$
$$= x_{i,0} - 5x_1 + 10x_1 x_{i,2}$$

となります。よってインスタンス i の特徴量 $x_{i,2}$ の値が0なのか1なのかによって、右上がりか右下がりかの関係が決まり、$x_{i,0}$ の値によって切片が上下に動くことが分かります。具体的には、

- $x_{i,2} = 0$ のときは $x_{i,0} - 5x_1$ となるので右下がり
- $x_{i,2} = 1$ のときは $x_{i,0} + 5x_1$ となるので右上がり

となります。

　このように、交互作用がある場合に特徴量と予測値の関係をうまく可視化できないというPDの問題を、ICEは克服できていると言えます。

5.3.1 ICEの実装

実際にICEがPDが抱える問題を克服できていることを確認するため、ICEを計算する IndividualConditionalExpectation クラスを実装し、ICEの可視化を行います。PDでは全体平均をとっていたのを、ICEでは平均をとらずインスタンスごとの値を出すように変更するだけなので、IndividualConditionalExpectation ク ラ ス は 4.3節 で 実 装 し た PartialDependence クラスを継承して作成します。

```
class IndividualConditionalExpectation(PartialDependence):
    """Individual Conditional Expectation"""

    def individual_conditional_expectation(
        self,
        var_name: str,
        ids_to_compute: list[int],
        n_grid: int = 50
    ) -> None:
        """ICEを求める

        Args:
            var_name:
                ICEを計算したい変数名
            ids_to_compute:
                ICEを計算したいインスタンスのリスト
            n_grid:
                グリッドを何分割するか
                細かすぎると値が荒れるが、粗すぎるとうまく関係をとらえられない
                デフォルトは50
        """

        # 可視化の際に用いるのでターゲットの変数名を保存
        self.target_var_name = var_name
        # 変数名に対応するインデックスをもってくる
        var_index = self.var_names.index(var_name)

        # ターゲットの変数を、とり得る値の最大値から最小値まで動かせるようにする
```

```python
value_range = np.linspace(
    self.X[:, var_index].min(),
    self.X[:, var_index].max(),
    num=n_grid
)

# インスタンスごとのモデルの予測値
# PDの_counterfactual_prediction()をそのまま使っているので
# 全データに対して予測してからids_to_computeに絞り込んでいるが
# 本当は絞り込んでから予測をした方が速い
individual_prediction = np.array([
    self._counterfactual_prediction(var_index, x)[ids_to_compute]
    for x in value_range
])

# ICEをデータフレームとしてまとめる
self.df_ice = (
    # ICEの値
    pd.DataFrame(data=individual_prediction, columns=ids_to_compute)
    # ICEで用いた特徴量の値。特徴量名を列名としている
    .assign(**{var_name: value_range})
    # 縦持ちに変換して完成
    .melt(id_vars=var_name, var_name="instance", value_name="ice")
)

# ICEを計算したインスタンスについての情報も保存しておく
# 可視化の際に実際の特徴量の値とその予測値をプロットするために用いる
self.df_instance = (
    # インスタンスの特徴量の値
    pd.DataFrame(
        data=self.X[ids_to_compute],
        columns=self.var_names
    )
    # インスタンスに対する予測値
    .assign(
        instance=ids_to_compute,
        prediction=self.estimator.predict(self.X[ids_to_compute]),
    )
    # 並べ替え
```

```
            .loc[:, ["instance", "prediction"] + self.var_names]
    )


def plot(self, ylim: list[float] | None = None) -> None:
    """ICEを可視化

    Args:
        ylim: Y軸の範囲。特に指定しなければiceの範囲となる
    """

    fig, ax = plt.subplots()
    # ICEの線
    sns.lineplot(
        self.target_var_name,
        "ice",
        units="instance",
        data=self.df_ice,
        lw=0.8,
        alpha=0.5,
        estimator=None,
        zorder=1,  # 線が背面、点が前面にくるように
        ax=ax,
    )
    # インスタンスからの実際の予測値を点でプロットしておく
    sns.scatterplot(
        self.target_var_name,
        "prediction",
        data=self.df_instance,
        zorder=2,
        ax=ax
    )
    ax.set(xlabel=self.target_var_name, ylabel="Prediction", ylim=ylim)
    fig.suptitle(
        f"Individual Conditional Expectation({self.target_var_name})"
    )

    fig.show()
```

　ターゲットの特徴量の値を置き換えて予測を行う_counterfactual_ prediction()メソッドはPartialDependenceクラスから継承しています。

　一方で、individual_conditional_expectation()メソッドは新しく定義しました。PDからの大きな変更点としては、全データの平均を計算するのではなく、ICEを計算するインスタンスids_to_computeに対する予測値をそのまま保存していることです。

```
# partial_dependence()の場合
average_prediction = np.array([
    self._counterfactual_prediction(var_index, x).mean()
    for x in value_range
])

# individual_conditional_expectation()の場合
individual_prediction = np.array([
        self._counterfactual_prediction(var_index, x)[ids_to_compute]
        for x in value_range
])
```

　また、ICEの可視化を行うため、plot()メソッドもオーバーライドしました。PDでは1本だけ線が引かれていましたが、ICEでは複数のインスタンスに対して個別に線が引かれるような作りに変更しています。また、各インスタンスの特徴量を変更なくそのまま使った場合の予測値も可視化できるようにしています。

5.3.2 ICEのシミュレーションデータへの適用

　それでは、実装したIndividualConditionalExpectationクラスを用いて、特徴量 X_1 に関するICEを計算、可視化してみましょう。まずはインスタンス0について計算を行います。

```
# ICEのインスタンスを作成
ice = IndividualConditionalExpectation(rf, X_test, ["X0", "X1", "X2"])

# インスタンス0について、X1のICEを計算
ice.individual_conditional_expectation("X1", [0])

# インスタンス0の特徴量と予測値を出力
ice.df_instance
```

	instance	prediction	X0	X1	X2
0	0	-3.74	-0.24	0.87	0.00

インスタンス0の特徴量を確認すると $X_2 = 0$ なので、右下がりの関係になることが予想されます。実際にICEを可視化してみましょう。

```
# インスタンス0のICEを可視化
ice.plot(ylim=(-6, 6))
```

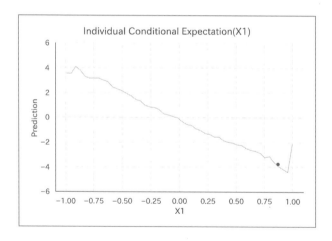

右下の点がインスタンス0の実際の特徴量の値 $(x_{0,0}, x_{0,1}, x_{0,2})$ を用いた予測値になります。右下がりの線はICEを表していて、インスタンス0の特徴量 X_1 の値を -1 から 1 まで変化させたときの予測値の推移をプロットしています。ICEによる可視化では、PDではとらえられなかった

右下がりの関係が見てとれます。

同様に、インスタンス1のICEを確認してみましょう。

```
# インスタンス1について、X1のICEを計算
ice.individual_conditional_expectation("X1", [1])

# インスタンス1の特徴量と予測値を出力
ice.df_instance
```

	instance	prediction	X0	X1	X2
0	1	-2.45	0.63	-0.61	1.00

インスタンス1の特徴量を確認すると $X_2 = 1$ であり、今度は右上がりの関係になることが予想されます。

```
# インスタンス1のICEを可視化
ice.plot(ylim=(-6, 6))
```

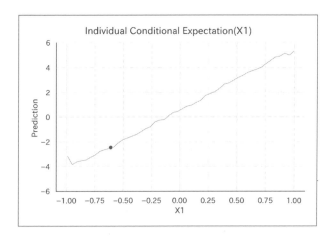

$X_2 = 1$ のインスタンスに関しては、特徴量 X_1 が増加すると予測値も増加するという右上がりの関係をとらえることができています。

さらに、2つのインスタンスだけでなく、より多くのインスタンスについてICEを確認しておきましょう。

```
# インスタンス0からインスタンス20までのICEを計算し、可視化
ice.individual_conditional_expectation("X1", range(20))
ice.plot(ylim=(-6, 6))
```

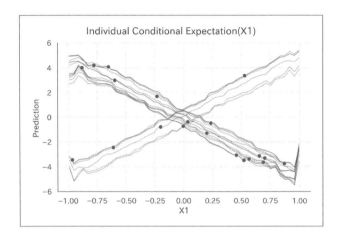

$X_2 = 0$ のインスタンスに関しては右下がりの関係を、$X_2 = 1$ のインスタンスに関しては右上がりの関係を見てとることができます。線が多少ぶれているのは、各インスタンスの特徴量 X_0 の値によって、切片が上下するためです。

このように、交互作用がある場合に特徴量と予測値の関係をうまく可視化できないという PD の問題を ICE は克服できていると言えます。一方で、ICE は値が安定しにくいという問題点があります。PD では複数のインスタンスの平均をとるので計算が安定するのですが、ICE は 1 つのインスタンスのみを利用し予測値の推移を可視化するからです。

次節では、この問題点を解決する「いいとこ取り」の手法として、Conditional Partial Dependence を紹介します。

5.4 Conditional Partial Dependence

5.4.1 CPDの数式表現

　PDの問題点は、全インスタンスで平均をとることにより、交互作用がある場合にその効果が打ち消されてしまうことでした。であれば、交互作用が考えられる特徴量に関しては、その変数で条件付けてPDを計算しようというのが**Conditional Partial Dependence (CPD)** [3] の発想です。5.3節のICEの例で言えば、右上がりの線で1つのグループ、右下がりの線でもう1つのグループとみなし、それぞれを束ねて平均をとろうということです。

　ですので、データからCPDを計算するには、単純に $X_2 = 0$ のインスタンスと $X_2 = 1$ のインスタンスのそれぞれで別に平均を求めるだけで事足ります。$X_2 = 0$ のインスタンスの数を N_0 とし、$X_2 = 1$ のインスタンスの数を N_1 とすると、

$$\widehat{\text{CPD}}_{1,2}(x_1, 0) = \frac{1}{N_0} \sum_{i:x_{i,2}=0} \hat{f}(x_{i,0}, x_1, 0),$$

$$\widehat{\text{CPD}}_{1,2}(x_1, 1) = \frac{1}{N_1} \sum_{i:x_{i,2}=1} \hat{f}(x_{i,0}, x_1, 1)$$

とすることでCPDを計算できます[4]。

　ここで、$\widehat{\text{CPD}}_{1,2}(x_1, 0)$ は $X_2 = 0$ のインスタンスに関して、特徴量 X_1 と予測値の関係を推定しています。同様に、$\widehat{\text{CPD}}_{1,2}(x_1, 1)$ は $X_2 = 1$ のインスタンスに関して、特徴量 X_1 と予測値の関係を推定しています。

　これらは、理論的には以下のように X_2 で条件付けた $f(X_0, x_1, X_2)$ の

---

[3] 本書では Zhao, Yan and Van Hentenryck(2019) にならってこの手法を Conditional Partial Dependence と呼びますが、Biecek and Burzykowski(2021) では同様の手法を Grouped Partial Dependence と呼んでいます。

[4] 本書において、$\sum_{i:x_i=0}$ は $x_i = 0$ であるインスタンス i についてだけ総和をとることを意味します。

条件付き期待値を推定しています。

$$\mathrm{CPD}_{1,2}(x_1, 0) = \mathbb{E}\left[\hat{f}(X_0, x_1, X_2)|X_2 = 0\right]$$
$$= \mathbb{E}\left[X_0 - 5x_1 + 10x_1X_2|X_2 = 0\right]$$
$$= \mathbb{E}\left[X_0|X_2 = 0\right] - 5x_1 + 10x_1\mathbb{E}\left[X_2|X_2 = 0\right]$$
$$= 0 - 5x_1 + 0$$
$$= -5x_1$$

$$\mathrm{CPD}_{1,2}(x_1, 1) = \mathbb{E}\left[\hat{f}(X_0, x_1, X_2)|X_2 = 1\right]$$
$$= \mathbb{E}\left[X_0 - 5x_1 + 10x_1X_2|X_2 = 1\right]$$
$$= \mathbb{E}\left[X_0|X_2 = 1\right] - 5x_1 + 10x_1\mathbb{E}\left[X_2|X_2 = 1\right]$$
$$= 0 - 5x_1 + 10X_1$$
$$= 5x_1$$

ここで、$\mathbb{E}[X_0|X_2 = 0] = 0$ の変形は、X_0 と X_2 が独立であること、x_0 の期待値が0であることを利用しています。まず X_0 と X_2 はシミュレーションの設定から独立なので、$\mathbb{E}[X_0|X_2 = 0] = \mathbb{E}[X_0]$ です。また、X_0 は区間 $[0,1]$ の一様分布に従うので、その期待値は0であり、$\mathbb{E}[X_0] = 0$ が言えます。よって、$\mathbb{E}[X_0|X_2 = 0] = 0$ であることが分かります。同様にして $[X_0|X_2 = 1] = 0$ も示すことができます。

ここから、CPDは $X_2 = 0$ で条件付けた場合は右下がりの、$X_2 = 1$ で条件付けた場合は右上がりの関係を確認できることが分かります。つまり、CPDを計算することで、PDではとらえられなかった交互作用をうまくとらえられていることが分かります。さらに、複数のインスタンスを用いて予測結果を平均するので、ICEと比較すると値が安定しやすいというメリットがあります。

最後に、ここまでの議論を一般化しておきましょう。今、モデルの予測値との関係を見たい特徴量 X_j と、交互作用が考えられる特徴量 X_k があるとします（先ほどのシミュレーションの例でいうと、X_j が X_1 で、X_k が X_2 です）。このときCPDは以下で定義されます。

$$\mathrm{CPD}_{j,k}(x_j, x_k) = \mathbb{E}\left[\hat{f}(x_j, X_k, \mathbf{X}_{\backslash\{j,k\}})|X_k = x_k\right]$$

$$= \int \hat{f}(x_j, x_k, \mathbf{x}_{\backslash\{j,k\}})p(\mathbf{x}_{\backslash\{j,k\}}|x_k)d\mathbf{x}_{\backslash\{j,k\}}$$

ここで、$\mathbf{X}_{\backslash\{j,k\}}$ は特徴量 $\mathbf{X}$ から2つの特徴量 (X_j, X_k) を取り除いたベクトルになります。PDでは条件付けない分布で期待値をとっていましたが、CPDでは x_k で条件付けた分布 $p(\mathbf{x}_{\backslash\{j,k\}} \mid x_k)$ で期待値をとっている部分が異なります。

　実際にデータからCPDを計算する際には、単に $X_k = x_k$ となっているインスタンスに限定してICEを計算し、それを平均するだけで事足ります。これは $X_k = x_k$ となっているインスタンスに対してPDを計算していると解釈することもできます。

$$\widehat{\mathrm{CPD}}_{j,k}(x_j, x_k) = \frac{1}{N_k} \sum_{i:x_{i,k}=x_k} \hat{f}(x_j, x_k, \mathbf{x}_{i,\backslash\{j,k\}})$$

ここで、N_k は $X_k = x_k$ となっているインスタンスの数です。

5.4.2 CPDの可視化

　それでは、実際にCPDを計算してみましょう。CPDのクラスを実装しても良いのですが、単純にPartialdependenceクラスに $X_2 = 0$ のインスタンスと $X_2 = 1$ のインスタンスをばらばらに与えても計算できるので、今回はPartialdependenceクラスを代用します。

```
# X2=0のインスタンスに関して、X1のPDを計算
pdp = PartialDependence(rf, X_test[X_test[:, 2] == 0], ["X0", "X1", "X2"])
pdp.partial_dependence("X1")

# PDを可視化
pdp.plot(ylim=(-6, 6))
```

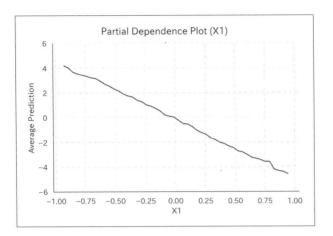

```
# X2=1のインスタンスに関して、X1のPDを計算
pdp = PartialDependence(rf, X_test[X_test[:, 2] == 1], ["X0", "X1", "X2"])
pdp.partial_dependence("X1")

# PDを可視化
pdp.plot(ylim=(-6, 6))
```

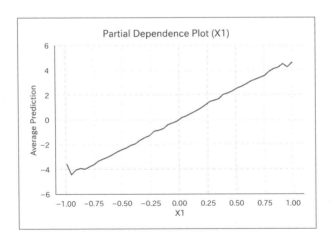

$X_2 = 0$ の場合は右下がりの、 $X_2 = 1$ の場合は右上がりの関係となっています。このように、CPDは交互作用がある場合の特徴量とモデルの予測値の関係をうまくとらえられることが分かります。

　CPDはPDとICEのいいとこ取りができているように思えますが、注意点もあります。交互作用のある特徴量が分かっている場合は問題ないのですが、現実的にはそもそもどの特徴量で条件付ければいいのか事前段階では分かっていないことも多いです。グルーピングする特徴量を見つけるためには、データの探索や可視化を通じた調査が必要となります。

　また、交互作用のある特徴量のカテゴリ数が非常に多かったり、連続値だったりすると、CPDの計算に時間がかかったり、可視化の結果を解釈するのが難しい場合もあります。特に、特徴量が連続値の場合は、適当な幅でビンに分割して、ビンごとにCPDを計算するなどの工夫が必要です[*5]。

5.5　ICEの解釈

5.5.1　what-if

　ここまでの節で、すべてのインスタンスの予測値を平均するPDで起きていた問題を解決する手法として、ICEとCPDを紹介してきました。ICEはすべてのインスタンスではなく「1つのインスタンス」に、CPDは「あるインスタンスのグループ」に注目して、特徴量とモデルの予測値の関係を確認する手法でした。特に、ICEは1つのインスタンスに注目する手法なので、「その他の特徴量の値が固定された状態で、もしある特徴量の値が変化した場合に予測値はどう変化するのか」という、「もし〜だったら（what-if）」という解釈をすることができます[*6]。

　例えば、インスタンス0とインスタンス1に関して、特徴量X_1のICEを確認すると下図のようになっていました。

＊5　どちらの特徴量も連続値の場合は、二次元のPDを可視化することも有力な選択肢です。二次元のPDの詳細はMolnar(2019)をご確認ください。

＊6　因果推論の分野では反事実（counterfactual）とも呼ばれます。

```
# インスタンス0とインスタンス1に関して、X1のICEを可視化
ice.individual_conditional_expectation("X1", [0, 1])
ice.plot(ylim=(-6, 6))
```

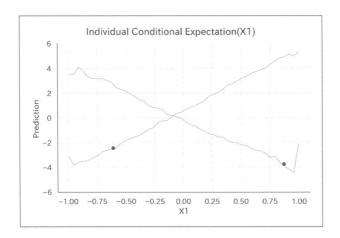

　具体的に、インスタンス 0 とインスタンス 1 の特徴量の値を確認してお
きます。$x_{0,2} = 0$ なので右下がりの線がインスタンス 0 の ICE、$x_{1,2} = 1$
なので右上がりの線がインスタンス 1 の ICE であることが分かります。

```
# インスタンス0とインスタンス1の特徴量の値を確認
ice.df_instance
```

	instance	prediction	X0	X1	X2
0	0	-3.74	-0.24	0.87	0.00
1	1	-2.45	0.63	-0.61	1.00

　インスタンス 1 に注目すると、（特徴量 X_0 と特徴量 X_2 の値は変化せず
に）もし特徴量 X_1 の値が大きくなると、予測値も大きくなることが分か
ります。もし $X_1 = 0$ になると予測値は 0.5 程度、もし $X_1 = 1$ まで変化さ
せると予測値は約 5 になると解釈できます。逆にインスタンス 0 に関して
は、X_1 を小さくすると予測値が大きくなることが分かります。

5.5.2 特徴量に依存関係があるケース

　このように、ICEは各インスタンスに対して、個別にwhat-ifの解釈を与えていると言えます。ただし、注意点が1つあります。what-ifの解釈を「特徴量とモデルの予測値の関係」と解釈する分には比較的安全ですが、これを特徴量と目的変数の関係と解釈すること、つまり因果関係として解釈するには注意が必要です。3章の特徴量重要度で確認したようにモデルに必要な特徴量が入っていない場合は言わずもがなですが、モデルに投入した特徴量同士に依存関係がある場合もICEの結果をストレートに解釈するのは危険です。

　この問題を浮き彫りにするため、少し極端な設定でICEを計算してみましょう。以下の設定でシミュレーションを行います。

$$Y = X_0 - 5X_1 + 10X_1X_2 + \epsilon,$$

$$X_0 \sim \text{Uniform}(-1, 1),$$

$$X_2 \sim \text{Bernouli}(0.5),$$

$$X_1 \sim \begin{cases} \text{Uniform}(-1, 0.5) \text{ if } X_2 = 0, \\ \text{Uniform}(-0.5, 1) \text{ if } X_2 = 1, \end{cases}$$

$$\epsilon \sim \mathcal{N}(0, 0.01)$$

　前回のシミュレーションとの違いは1点のみです。特徴量 X_1 の値が特徴量 X_2 の値に依存するよう変更しています。

```
def generate_simulation_data():
    """シミュレーションデータを生成し、訓練データとテストデータに分割"""

    # シミュレーションの設定
    N=1000

    # X0は一様分布から生成
    x0 = np.random.uniform(-1, 1, N)
    # 二項分布の試行回数を1にすると成功確率0.5のベルヌーイ分布と一致
```

```python
    x2 = np.random.binomial(1, 0.5, N)
    # X1はX2に依存する形にする
    x1 = np.where(
        x2 == 1,
        np.random.uniform(-0.5, 1, N),
        np.random.uniform(-1, 0.5, N)
    )
    # ノイズは正規分布からデータを生成
    epsilon = np.random.normal(0, 0.1, N)

    # 特徴量をまとめる
    X = np.column_stack((x0, x1, x2))

    # 線形和で目的変数を作成
    y = x0 - 5 * x1 + 10 * x1 * x2 + epsilon

    return train_test_split(X, y, test_size=0.2, random_state=42)


X_train, X_test, y_train, y_test = generate_simulation_data()
```

まずはシミュレーションデータを可視化しておきましょう。

```python
def plot_scatter(x, y, group, title=None, xlabel=None, ylabel=None):
    """散布図を作成する"""

    fig, ax = plt.subplots()
    sns.scatterplot(x, y, style=group, hue=group, alpha=0.5, ax=ax)
    ax.set(xlabel=xlabel, ylabel=ylabel)
    fig.suptitle(title)

    fig.show()


# X1とYの散布図を作成
plot_scatter(
    X_train[:, 1],
    y_train,
```

```
    X_train[:, 2].astype(int),
    title="X1とYの散布図",
    xlabel="X1",
    ylabel="Y",
)
```

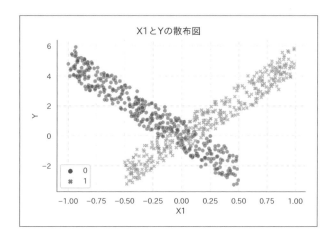

前回同様、 $X_2 = 1$ の場合は右上がりに、 $X_2 = 0$ の場合は右下がりの関係になっています。前回との違いとしては、右上がりのデータは X_1 が -0.5 よりも小さい区間では存在せず、逆に右下がりのデータは X_1 が 0.5 よりも大きい区間では存在しません。

ですので、このデータを用いて学習すると、 $-0.5 \leq X_1 \leq 0.5$ の区間では $X_2 = 0$ と $X_2 = 1$ の両方のデータを用いて学習できますが、

- $-1 \leq X_1 \leq -0.5$ の区間では $X_2 = 0$ のデータだけ
- $0.5 \leq X_1 \leq 1$ の区間では $X_2 = 1$ のデータだけ

を用いて特徴量と目的変数の関係を学習することになります。あとで見るように、このようなデータを学習した予測モデルに対するICEの解釈には注意が必要です。

それでは、ICEを計算するため、モデルにデータを学習させます。モデ

ルは例によって Random Forest を用います。

```
# Random Forestで予測モデルを構築
rf = RandomForestRegressor(n_jobs=-1, random_state=42).fit(X_train, y_train)

# 予測精度を確認
regression_metrics(rf, X_test, y_test)
```

	RMSE	R2
0	0.47	0.96

　予測精度を確認すると、うまく予測できていることが分かります。それでは、インスタンス 0 の ICE を確認してみましょう。

```
# インスタンス0に関して、特徴量X1のICEを計算
ice = IndividualConditionalExpectation(rf, X_test, ["X0", "X1", "X2"])
ice.individual_conditional_expectation("X1", [0])

# インスタンスの特徴量を確認
ice.df_instance
```

	instance	prediction	X0	X1	X2
0	0	1.19	-0.81	-0.43	0.00

　インスタンス 0 の X_2 は 0 なので、右下がりの関係になることが予想されます。

```
# ICEを可視化
ice.plot(ylim=(-6, 6))
```

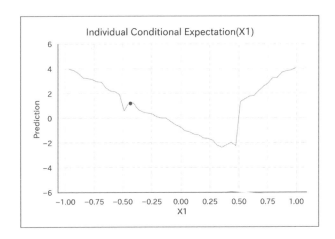

　単純な右下がりの関係ではなく、歪んだV字型の関係が可視化されました。$-1 \leq X_1 \leq 0.5$ の区間では予想通り右下がりの関係が確認できますが、$0.5 \leq X_1 \leq 1$ の区間では右上がりの関係が見てとれます。本来、$X_2 = 0$ のインスタンスでは目的変数と特徴量の関係は $Y = X_0 - 5X_1 + \epsilon$ のはずであり、X_1 の区間によらず右下がりのICEとなることが望ましいと考えられます。しかし、実際に可視化されたICEでは $X_1 = 0.5$ のところから右上がりの関係が見てとれ、これをそのまま「X_1 を1まで大きくすれば Y を大きくすることができる」と因果関係として解釈してしまうと、間違った意思決定を行う可能性が出てきます。

　ここで起きている問題の原因は、$0.5 \leq X_1 \leq 1$ の区間では $X_2 = 1$ のデータのみを用いて特徴量と目的変数の関係を学習していることです。$0.5 \leq X_1 \leq 1$ の区間では $X_2 = 1$ のデータのみが存在し、$X_2 = 1$ のデータに限定すると特徴量 X_1 と目的変数 Y には右上がりの関係があるので、モデルはこの区間では右上がりの予測値を出すことになります。

　これは、$0.5 \leq X_1 \leq 1$ の区間には $X_2 = 0$ のデータが存在しないにもかかわらず、$X_2 = 0$ のときに特徴量 X_1 の値が0.5より大きくなったらどうなるのかという「ありえない」状態の予測を行っているということです。ありえない状態の予測結果を用いてモデルの解釈を行っているので、解釈に無理が生じています。

　データが存在しない部分の予測は**外挿（extrapolation）**と呼ばれており、

多くの場合、あまりうまく予測ができません。その意味でも、データがきちんと存在する部分でICEの解釈を行うことが望ましいと言えます。今回のケースだと、インスタンス0に関しては「$-0.5 \leq X_1 \leq 0.5$の区間は右下がりの関係がありそうだ」というように、$X_2 = 0$と$X_2 = 1$の両方のデータが存在する区間でのみICEの解釈を行うことが安全です。

　今回は分かりやすい例でシミュレーションを行いましたが、実務で取り扱うデータは特徴量同士が複雑に絡み合っていることが多く、安全な区間を判断するのは困難です。よって、ICEの解釈を行う際には、インスタンスの実際の特徴量の値と近しい範囲でのみICEの解釈を行うことを推奨します。今回のケースで言うと、$X_1 = -0.5$の付近でのみICEを解釈するにとどめた方が安全です。一方で、そこから大きく離れた区間、例えば$X_1 = 1$におけるICEをそのまま解釈してしまうのは危険です。

　なお、PDはすべてのインスタンスに対してICEを平均したものなので、PDを解釈する際にも同様の注意が必要です。また、因果関係を知りたい場合は、ICEはあくまで因果関係の仮説構築にとどめ、実験やより厳密な因果推論の手法を用いて仮説を検証していくことで、より安全な意思決定を行うことができます。1.4節で論じたように、これは機械学習の解釈手法に共通する注意点です。

5.6 実データでの分析

　アルゴリズムの実装とシミュレーションデータを通じてICEの特徴を把握できたところで、次は外部パッケージを用いた実データの分析に移りましょう。

　2.3節で利用したボストンの住宅価格データセットと学習済みモデルを読み込みます。

```
import joblib


# データと学習済みモデルを読み込む
X_train, X_test, y_train, y_test = joblib.load("../data/boston_housing.pkl")
rf = joblib.load("../model/boston_housing_rf.pkl")
```

　ICEの計算は、PDと同じくscikit-learnのinspectionモジュールにある partial_dependence()関数を利用します。PDを計算する際は kind='average'を指定していましたが、kind='individual'を指定すると ICEが、kind='both'を指定するとPDとICEの両方が計算されます。

```
from sklearn.inspection import partial_dependence


# PDとICEを計算
ice = partial_dependence(
    estimator=rf,  # 学習済みモデル
    X=X_test,  # ICEを計算したいデータ
    features=["RM"],  # ICEを計算したい特徴量
    kind="both",  # PDとICEの両方を計算
)
ice
```

```
{'average': array([[18.85780392, 18.78220588, 18.77509804, 18.74723529,
18.53620588,
        18.68498039, 18.68963725, 18.70292157, 18.70666667, 18.70652941,
        18.7077451 , 18.70991176, 18.7099902 , 18.71266667, 18.69570588,
        18.78512745, 18.78676471, 18.73911765, 18.8157451 , 18.8157451 ,
        18.81963725, 19.13511765, 19.1480098 , 19.29561765, 19.28178431,
        19.29342157, 19.30133333, 19.29657843, 19.29454902, 19.29820588,
        19.305     , 19.31521569, 19.34894118, 19.34862745, 19.35315686,
        19.3725    , 19.3785098 , 19.37987255, 19.37911765, 19.37547059,
        19.35468627, 19.35060784, 19.34788235, 19.33320588, 19.48998039,
        19.49003922, 20.05187255, 20.08277451, 20.16319608, 20.18614706,
        20.1855098 , 20.18246078, 20.18193137, 20.18560784, 20.18733333,
        20.18686275, 20.19282353, 20.18408824, 20.21892157, 20.2259902 ,
```

```
        20.27601961, 20.27448039, 20.28603922, 20.32848039, 20.33937255,
        20.35803922, 20.3242451 , 20.32457843, 20.32935294, 20.33459804,
        20.34196078, 20.33540196, 20.33408824, 20.37047059, 21.55721569,
        21.70091176, 21.71248039, 21.70840196, 21.7407549 , 21.74090196,
        21.9717549 , 22.25193137, 22.43795098, 22.48047059, 22.49316667,
        22.50960784, 22.51206863, 22.59169608, 24.07634314, 24.28207843,
        25.07779412, 26.8702451 , 28.63790196, 28.49196078, 28.44926471,
        34.42509804, 35.88858824, 35.92672549, 36.06163725]]),
 'individual': array([[[20.489, 20.312, 20.312, ..., 41.004, 41.004, 41.234],
        [23.949, 23.871, 23.871, ..., 43.439, 43.663, 43.601],
        [15.278, 15.278, 15.278, ..., 31.898, 31.898, 31.876],
        ...,
        [13.037, 13.037, 13.037, ..., 29.435, 29.435, 29.435],
        [19.499, 19.353, 19.353, ..., 36.596, 36.596, 36.585],
        [20.049, 19.831, 19.831, ..., 39.162, 39.202, 39.393]]]),
 'values': [array([3.561, 4.519, 4.628, 4.88 , 5.036, 5.304, 5.344, 5.362,
5.39 ,
        5.414, 5.427, 5.453, 5.456, 5.572, 5.594, 5.605, 5.617, 5.701,
        5.708, 5.709, 5.713, 5.786, 5.794, 5.854, 5.869, 5.874, 5.876,
        5.879, 5.885, 5.898, 5.914, 5.936, 5.951, 5.96 , 5.976, 5.983,
        6.003, 6.004, 6.006, 6.009, 6.015, 6.02 , 6.023, 6.027, 6.064,
        6.065, 6.14 , 6.142, 6.167, 6.174, 6.185, 6.211, 6.216, 6.219,
        6.229, 6.232, 6.24 , 6.245, 6.279, 6.286, 6.297, 6.302, 6.312,
        6.326, 6.372, 6.389, 6.415, 6.416, 6.417, 6.426, 6.454, 6.461,
        6.471, 6.482, 6.545, 6.552, 6.575, 6.579, 6.593, 6.595, 6.657,
        6.701, 6.726, 6.728, 6.75 , 6.758, 6.762, 6.781, 6.849, 6.861,
        6.968, 6.98 , 7.185, 7.249, 7.313, 7.47 , 7.853, 7.875, 8.034])]}
```

kind='both'を指定すると、PDとICEの結果がdict形式で返ってきます。averageがPD、individualがICEの結果です。valuesはPDやICEを計算する特徴量RMの値になります。

PDのときと同様に、plot_partial_dependence()関数でkind='both'を指定すればPDとICEを可視化できます。

```python
from sklearn.inspection import plot_partial_dependence


def plot_ice():
    """ICEを可視化"""

    fig, ax = plt.subplots(figsize=(8, 4))
    plot_partial_dependence(
        estimator=rf,  # 学習済みモデル
        X=X_test,  # ICEを計算したいデータ
        features=["RM"],  # ICEを計算したい特徴量
        kind="both",  # PDとICEの両方を計算
        ax=ax,
    )

    fig.show()


# ICEを可視化
plot_ice()
```

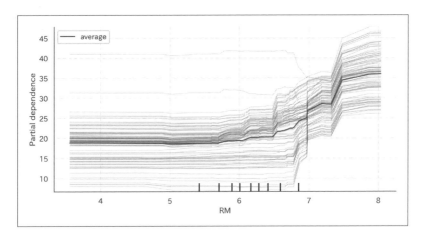

　中心の太い線がPDで、周囲に散らばっている細い線がICEになります。平均的な部屋の数RMのPDとICEを確認すると、多くのインスタンスでは部屋の数が多くなるとモデルの予測値が大きくなる傾向が見てとれます。

一方で、平均的な傾向とは異なる動きを見せるインスタンスが存在することも分かります。具体的には、部屋数の増加に対してモデルの予測値が小さくなるインスタンスがあります。このようなインスタンスに関して他の特徴量を確認していくことで、新たな仮説を発見し、分析を深めていくことができます。

5.7 ICEの利点と注意点

本章のまとめとして、ICEの利点と注意点をまとめます。

利点

- どんな機械学習モデルに対しても、同じやり方で特徴量とモデルの予測値のインスタンスごとの関係を計算できる
- ICEを確認することで、各インスタンスに対して、それぞれの特徴量がモデルの予測値にどのように影響を与えているのかを確認できる
- 予測モデルとしてブラックボックスモデルを採用できるので、特徴量と目的変数の非線形な関係をある程度自動的に考慮できる
- PDではとらえることのできなかった、特徴量の交互作用をとらえることができる

注意点

- あくまでも特徴量とモデルの予測値の関係を表現していることに注意する
  - モデルが特徴量と目的変数の関係を正しくとらえられていなければ、ICEは因果関係として解釈することはできない。特に特徴量同士で依存関係がある場合に注意が必要
  - モデルが特徴量と目的変数の関係を正しくとらえられていなくても、特徴量とモデルの予測値の関係として解釈する分には問題ない

- PDのように平均をとっていないので、値が安定しない傾向がある。CPDを併用することでこの問題を克服できる
- インスタンスの実際の特徴量の値から大きく離れた部分でのPDやICEの解釈には危険がともなう。できるだけ実際の値の近傍で解釈する[*7]

　ICEはPDとよく似た発想の解釈手法なので、PDの利点欠点の多くはそのままICEにも当てはまります。PDにはないメリットして、ICEを用いると特徴量同士の交互作用を含めて特徴量と予測値の関係を解釈することが可能になります。また、交互作用がある特徴量を突き止めることができれば、CPDを用いることで値を安定させながら交互作用を考慮できることができます。

　ICEはwhat-ifというインスタンスごとに特徴量の値を変化させた場合の解釈を与えますが、一方で、「モデルがなぜこのような予測値を出したのか」という予測の理由を知ることはできません。6章で紹介するSHapley Additive exPlanationsを用いることで、予測の理由を解釈することが可能になります。

参考文献

- Goldstein, Alex, et al. "Peeking inside the black box: Visualizing statistical learning with plots of individual conditional expectation." Journal of Computational and Graphical Statistics 24.1 (2015): 44-65.
- Zhao, Qingyuan, and Trevor Hastie. "Causal interpretations of black-box models." Journal of Business & Economic Statistics 39.1 (2021): 272-281.
- Zhao, Xilei, Xiang Yan, and Pascal Van Hentenryck. "Modeling heterogeneity in mode-switching behavior under a mobility-on-demand transit system: An interpretable machine learning approach." arXiv preprint arXiv:1902.02904 (2019).

[*7] 5.5節で紹介した例以外にも、特徴量に強い相関がある場合も外挿問題が発生します。特徴量に相関がある場合の外挿問題への対応として、Accumulated Local Effects（ALE）という手法が提案されています。ALEでは特徴量の区間をいくつかに分割し、その区間に所属するインスタンスのみを用いて特徴量を変化させた影響を計算、それを累積していくという手法です。区間が小さく分割されているため、特徴量の実際の値から大きく離れた区間の予測を回避できます。ALEのアルゴリズムとその特性の詳細は、Apley(2020)やMolnar(2019)を参照してください。

• Apley, Daniel W., and Jingyu Zhu. "Visualizing the effects of predictor variables in black box supervised learning models." Journal of the Royal Statistical Society: Series B (Statistical Methodology) 82.4 (2020): 1059-1086.

• Molnar, Christoph. "Interpretable machine learning. A Guide for Making Black Box Models Explainable." (2019). https://christophm.github.io/interpretable-ml-book/.

• Biecek, Przemyslaw and Tomasz Burzykowski. "Explanatory Model Analysis." Chapman and Hall/CRC (2021). https://pbiecek.github.io/ema/.

6章

予測の理由を考える
～SHapley Additive exPlanations～

　5章で紹介したIndividual Conditional Expectationは、特徴量の値が変化した場合に予測値に与える影響をインスタンスごとに解釈できました。一方で、ICEでは「モデルがなぜこのような予測値を出したのか」という予測の理由を知ることはできません。そこで、6章ではSHapley Additive exPlanationsを用いてインスタンスごとの予測の理由を解釈する方法を解説します。

6.1 なぜ予測の理由を考える必要があるのか

　3章のPFIでは、「特徴量の情報を使えなくしたときの予測誤差の変化」を通じてモデルがどの特徴量を重視しているかを確認しました。また、4章のPDや5章のICEでは、「特徴量を変化させた場合に予測値がどう反応するのか」という観点からモデルの入力と出力の関係を解釈しました。これらに加えて、機械学習モデルを実運用する際に求められる解釈性として、**モデルはなぜそのような予測値を出したのか**という予測の理由付けが挙げられます。

　例えば、ローンの審査に機械学習モデルを使うケースを考えましょう。モデルがAさんのローン返済確率が低いと予測したとします。モデルの予測結果を理由にAさんをローン審査に落とすとなると、「モデルはなぜAさんの返済確率が低いと予測したか」を説明できる必要があるでしょう。Aさんの過去の返済履歴を理由にしているのかもしれませんし、Aさんの所得を理由にしているのかもしれませんし、その両方かもしれません。

　機械学習モデルがなぜそのような予測値を出したのかを説明するための手法に**SHapley Additive exPlanations（SHAP）**があります。次節以降では、SHAPがどのように予測の理由を解釈していくのか、そのアイデアを解説していきます。

6.2 SHAPのアイデア

6.2.1 SHAPの数式表現

　SHAPはICEと同じくひとつひとつのインスタンスの予測値に対して解釈性を与えます。具体的には、「あるインスタンスに対する予測値」と「平均的な予測値」との差分を特徴量のごとの貢献度に分解する手法です。

　一般化のために、数式を用いて記述してみます。例によって、

$\mathbf{X} = (X_1, \ldots, X_J)$ を特徴量とした学習済みの機械学習モデルを $\hat{f}(\mathbf{X})$ とします。インスタンス i の特徴量が具体的に $\mathbf{x}_i = (x_{i,1}, \ldots, x_{i,J})$ という値をとっていたとすると、インスタンス i に対する予測値は $\hat{f}(\mathbf{x}_i)$ となります。あるインスタンスに対する予測値 $\hat{f}(\mathbf{x}_i)$ と予測の期待値 $\mathbb{E}\left[\hat{f}(\mathbf{X})\right]$ の差分を各特徴量の貢献度に分解しよう、というのがSHAPのアイデアです。

貢献度を分解する方法はさまざまですが、SHAPでは足し算の形に貢献度を分解します。より具体的には、インスタンス i の特徴量 $x_{i,j}$ の貢献度を $\phi_{i,j}$ として、

$$\hat{f}(\mathbf{x}_i) - \mathbb{E}\left[\hat{f}(\mathbf{X})\right] = \sum_{j=1}^{J} \phi_{i,j}$$

のように、期待値からの差分を貢献度の足し算で表現できるよう分解します。このような足し算の形での分解を総じて **Additive Feature Attribution Method** と呼びます。よって、SHAPは Additive Feature Attribution Method の一種となります。

ここで、$\phi_0 = \mathbb{E}\left[\hat{f}(\mathbf{X})\right]$ とおくことで

$$\hat{f}(\mathbf{x}_i) = \phi_0 + \sum_{j=1}^{J} \phi_{i,j}$$

と変形できます。こちらの方がノーテーションがすっきりするので、論文などではこのように書かれていることが多いです。なお、ϕ_0 はただの予測値の期待値なのでベースラインという意味しかなく、興味があるのは各特徴量の貢献度 $\phi_{i,j}$ となります。

イメージしにくいと思うので、具体例として年収予測を考えてみましょう。年収の平均的な予測値は500万円であった一方で、ある個人の年収は1,000万円と予測されたとします。この場合、特定の個人の年収の予測値1,000万円と、平均的な予測値500万円の差分500万円を、特徴量ごとの貢献度に分解しよう、というのがSHAPの発想でした。

図6.1は具体的な分解例を表しています。ここでは、学歴、職業、役職、英語力の4つを特徴量として年収予測モデルを作成したとしています。こ

の個人の年収予測においては、学歴が修士であることで＋200万円、職業がデータサイエンティストであることで＋200万円、そして役職が課長であることで＋300万円だけ予測値が平均から高くなっています。ただし、英語が話せないことで予測値が－200万円となっており、合計すると平均からの差分は＋500万円となりました。結果として、予測値の1,000万円と一致しています。

SHAPの数式表現と年収予測の具体例は以下のように対応します。

$$\underbrace{\hat{f}(\mathbf{x}_i)}_{1,000\ 万円} = \underbrace{\phi_0}_{500\ 万円} + \underbrace{\phi_{i,\ 学歴}}_{+200\ 万円} + \underbrace{\phi_{i,\ 専門}}_{+200\ 万円} + \underbrace{\phi_{i,\ 役職}}_{+300\ 万円} + \underbrace{\phi_{i,\ 英語力}}_{-200\ 万円}$$

個人 i の年収の予測値を、ベースラインと各特徴量の貢献度に分解しています。

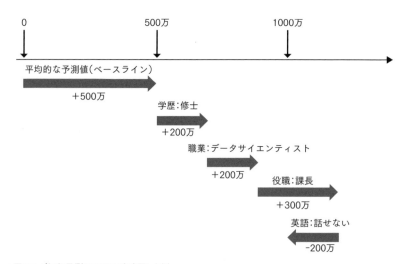

■ 図6.1／年収予測にSHAPを適用した例

このように、特定のインスタンスの予測値と、平均的な予測値との差分を求め、それを貢献度で分解することで、「モデルはなぜそのような予測値を出したのか」という解釈はできそうです。それでは、この分解をどうやって行えば良いでしょうか。

6.2.2 貢献度の分解：線形回帰モデルの場合

　貢献度の分解についてイメージをつかむため、まずは線形回帰モデルの分解から考えましょう。次に示すように、線形回帰モデルは比較的容易に分解が可能です。

　学習済みの線形回帰モデル

$$\hat{f}(\mathbf{X}) = \hat{\beta}_0 + \sum_{j=1}^{J} \hat{\beta}_j X_j$$

を考えます。このとき、ベースラインである予測の期待値は

$$\mathbb{E}\left[\hat{f}(\mathbf{X})\right] = \mathbb{E}\left[\hat{\beta}_0 + \sum_{j=1}^{J} \hat{\beta}_j X_j\right]$$

$$= \hat{\beta}_0 + \sum_{j=1}^{J} \hat{\beta}_j \mathbb{E}[X_j]$$

となります。

　インスタンス i の予測値 $\hat{f}(\mathbf{x}_i)$ と予測の期待値 $\mathbb{E}\left[\hat{f}(\mathbf{X})\right]$ の差分を、特徴量ごとの貢献度 $\phi_{i,j}$ に分解するのがSHAPのモチベーションでした。線形回帰モデルの場合、インスタンス i の予測値と予測の期待値の差分は、以下のように足し算の形に分解できることが分かります。

$$\hat{f}(\mathbf{x}_i) - \mathbb{E}\left[\hat{f}(\mathbf{X})\right] = \left(\hat{\beta}_0 + \sum_{j=1}^{J} \hat{\beta}_j x_{i,j}\right) - \left(\hat{\beta}_0 + \sum_{j=1}^{J} \hat{\beta}_j \mathbb{E}[X_j]\right)$$

$$= \sum_{j=1}^{J} \underbrace{\hat{\beta}_j \left(x_{i,j} - \mathbb{E}[X_j]\right)}_{=\phi_{i,j}}$$

　よって、インスタンス i の特徴量 $x_{i,j}$ の貢献度 $\phi_{i,j}$ は $\hat{\beta}_j(x_{i,j} - \mathbb{E}[X_j])$ となることが確認できます。この分解から、貢献度に関して以下の性質が読み取れ、直感的にももっともらしい分解となっていることが分かります。

- 回帰係数 $\hat{\beta}_j$ が大きいほど貢献度が高くなる。つまり、特徴量の値が変化したときに予測値に与える影響が大きいほど貢献度は高くなる
- インスタンス i の特徴量 $x_{i,j}$ が、特徴量 j の平均的な値である $\mathbb{E}[X_j]$ から乖離しているほど貢献度は高くなる

　さて、線形回帰モデルでは上記のような分解が可能でしたが、非線形モデルなどのより複雑なモデルではどのように分解を行えばいいか明らかではありません。そこで、ブラックボックスモデルの予測値を分解するために、SHAPでは協力ゲーム理論のShapley値の考え方を援用します。

6.3 協力ゲーム理論とShapley値

　本節では、協力ゲーム理論のアルバイトゲーム[*1]を例にとって、Shapley値を直感的に理解することを目指します[*2]。

6.3.1 アルバイトゲーム

　まずはアルバイトゲームについて説明します。アルバイトゲームの参加者として、Aさん・Bさん・Cさんの3人がいるとします。アルバイトは単独で行うこともできますし、他の人とチームを組んで行ってもいいとします。

　アルバイトの報酬は誰が参加するかで決まるとします。まず、1人で働いた場合、Aさんが1人で行うと6万円、Bさんが1人で行うと4万円、Cさんが1人で行うと2万円がもらえるとしましょう。次に、2人で働いた場合は、Aさん・Bさんが2人で行ったときは合計で20万円、Aさん・Cさんが2人で行ったときは合計で15万円、Bさん・Cさんが2人で行ったときは合計で10万円がもらえるとしましょう。最後に、Aさん・Bさん・

＊1　本節の数値例は、岡田 (2011) のアルバイトゲームの数値例をお借りしています。

＊2　本書では、協力ゲーム理論に関して包括的に説明するのではなく、あくまでも機械学習の解釈手法を理解するための記述にとどめます。協力ゲーム理論について詳しく学びたい読者は岡田 (2011) をご確認ください。

Cさんの3人で働いた場合は、合計で24万円がもらえるとしましょう。参加者と報酬の関係をまとめたものが以下の表6.1です。

▼ **表 6.1**／参加者と報酬の関係

参加者	報酬
Aさん	6
Bさん	4
Cさん	2
Aさん・Bさん	20
Aさん・Cさん	15
Bさん・Cさん	10
Aさん・Bさん・Cさん	24

ここで、アルバイトゲームにAさん・Bさん・Cさんの3人全員が参加した場合を考えます。このとき、合計の報酬24万円をどうやって3人に配分するのがもっともらしいでしょうか？　直感的には、より貢献度の高い人による多くの報酬を割り当てることがフェアな配分の1つになりそうです[*3]。

6.3.2 限界貢献度

より貢献度の高い人により多くの報酬を割り当てるとすると、問題は各人の貢献度をどうやって計るのかということになります。これを達成するために、**限界貢献度**という概念を導入します。限界貢献度は「各人がアルバイトに参加したとき、参加しなかったときと比べて、追加的にどのくらい報酬が増えるか」で計算します。具体的にAさんについて考えると、限界貢献度は以下のように計算します。

- 「誰もいない」→「Aさんのみ」だと $6 - 0 = 6$ 万円

[*3] もちろん、報酬を山分けで3等分することもある意味ではフェアな配分です。

- 「Bさんのみ」→「Aさん・Bさん」だと $20 - 4 = 16$ 万円
- 「Cさんのみ」→「Aさん・Cさん」だと $15 - 2 = 13$ 万円
- 「Bさん・Cさん」→「Aさん・Bさん・Cさん」だと $24 - 10 = 14$ 万円

がAさんの参加によって追加的に増える報酬となり、これが限界貢献度となります。

　ここで注意したいのが、Aさんの限界貢献度はAさんがアルバイトに参加する順番に依存するということです。この順番の影響を打ち消すため、考えられるすべての参加順を用いて限界貢献度を計算し、その平均を求めることにしましょう。発生し得る参加順と、その場合の各人の限界貢献度を表6.2にまとめました。

▼**表 6.2**／参加順を考慮した限界貢献度

参加順	Aさんの限界貢献度	Bさんの限界貢献度	Cさんの限界貢献度
Aさん→Bさん→Cさん	6	14	4
Aさん→Cさん→Bさん	6	9	9
Bさん→Aさん→Cさん	16	4	4
Bさん→Cさん→Aさん	14	4	6
Cさん→Aさん→Bさん	13	9	2
Cさん→Bさん→Aさん	14	8	2

　参加順は $3! = 6$ 通りなので、平均的な限界貢献度は以下で求められます。

- Aさんの平均的な限界貢献度は $(6 + 6 + 16 + 14 + 13 + 14)/6 = 11.5$ 万円
- Bさんの平均的な限界貢献度は $(14 + 9 + 4 + 4 + 9 + 8)/6 = 8$ 万円
- Cさんの平均的な限界貢献度は $(4 + 9 + 4 + 6 + 2 + 2)/6 = 4.5$ 万円

　こうして計算した**平均的な限界貢献度のことをShapley値と呼びます**。Shapley値を用いて報酬を割り当てることで、より貢献度が高い人によ

り多くの報酬が渡るという意味でフェアな配分を達成できます[*4]。

6.3.3 Shapley値の数式表現

　ここまでは、アルバイトゲームのプレイヤーがAさん・Bさん・Cさんの3人のケースを考えました。より一般的なケースとして、J人のプレイヤーが存在するケースを考えます。このとき、プレイヤーjのShapley値ϕ_jは以下で計算できます。

$$\phi_j = \underbrace{\underbrace{\frac{1}{|\mathcal{J}|!}}_{\text{組み合わせの総数}} \sum_{\mathcal{S} \subseteq \mathcal{J} \setminus \{j\}} \underbrace{(|\mathcal{S}|!\,(|\mathcal{J}| - |\mathcal{S}| - 1)!)}_{\text{組み合わせの出現回数}} \underbrace{(v(\mathcal{S} \cup \{j\}) - v(\mathcal{S}))}_{\mathcal{S} \text{ にプレイヤー } j \text{ が参加したときの限界貢献度}}}_{\text{限界貢献度をすべての組み合わせで平均}}$$

たくさん記号が出てきたので、それぞれの意味を記載します。

- $\mathcal{J} = \{1, \ldots, J\}$ はプレイヤーの集合を表す
  - ・例えば、Aさん・Bさん・Cさんの3人のケースだと、$\mathcal{J} = \{A, B, C\}$である
- $|\mathcal{J}|$ は集合 $\mathcal{J}$ の要素の数、つまり全プレイヤーの人数を表す
  - ・例えば、前述の $\mathcal{J} = \{A, B, C\}$ のケースでは $|\mathcal{J}| = 3$ である
- $\mathcal{S}$ は「$\mathcal{J}$ からプレイヤー j を除いたプレイヤー群」から作られる、空集合 $\emptyset$ を含めたすべての組み合わせを表す
  - ・例えば、Aさん・Bさん・Cさんの3人のケースで、AさんのShapley値を考える場合は、$\emptyset, \{B\}, \{C\}, \{B, C\}$ が該当する
- $|\mathcal{S}|$ は集合 $\mathcal{S}$ の要素の数を表す
  - ・例えば、前述の $\emptyset, \{B\}, \{C\}, \{B, C\}$ のケースだと、$|\mathcal{S}|$ はそれぞれ $0, 1, 1, 2$ となる
- $v(\cdot)$ は報酬を表す関数。報酬は参加プレイヤーに依存して決まる
  - ・例えばAさん・Bさんがアルバイトに参加した場合の報酬は $v(\{A, B\})$ となる

[*4]　Shapley 値はいくつかの望ましい性質持っていることが数学的に証明されています。Shapley 値の詳細は岡田 (2011) をご確認ください。

- $v(\mathcal{S} \cup \{j\}) - v(\mathcal{S})$ はプレイヤー j が参加しているときと参加していないときでの報酬の差となる。言い換えると、元々の参加者の集合が $\mathcal{S}$ だったときに、プレイヤー j が参加したときの限界貢献度となる。なお、∪ は和集合を表す

　上式を確認すると、プレイヤー j が参加することの限界貢献度 $v(\mathcal{S} \cup \{j\}) - v(\mathcal{S})$ を出現するすべての組合わせで求めて平均しています。つまり、アルバイトゲームの具体例で行った操作とまったく同じ操作を行っています。Shapley値の一般的な計算式だけを見ても何を計算しているかよく分からないのですが、Aさん・Bさん・Cさんの3人のアルバイトゲームの具体的な数字を入れて確かめると理解が進みます。

　具体的にAさんのShapley値 ϕ_A を計算してみましょう。アルバイトゲームのプレイヤーはAさん・Bさん・Cさんの3人なので、$\mathcal{J} = \{A, B, C\}$ です。また、それぞれのプレイヤーがアルバイトに参加したときの報酬は表6.1にまとめられています。$\mathcal{S}$ がそれぞれ $\emptyset, \{B\}, \{C\}, \{B, C\}$ のケースについて場合分けして

$$(|\mathcal{S}|! \, (|\mathcal{J}| - |\mathcal{S}| - 1)!) \, (v(\mathcal{S} \cup \{j\}) - (v(\mathcal{S}))$$

の値を個別に計算し、それぞれの値を合計したものを

$$|\mathcal{J}|! = |\{A, B, C\}|! = 6$$

で割ることでAさんのShapley値を求めることができます。

- $\mathcal{S} = \emptyset$（誰もいない→Aさんのみ）の場合：

$$(|\emptyset|! \, (|\{A, B, C\}| - |\emptyset| - 1)!) \, (v(\emptyset \cup \{A\}) - v(\emptyset))$$
$$= (0! (3 - 0 - 1)!)(6 - 0)$$
$$= 12$$

- $S = \{B\}$（Bさんのみ→Aさん・Bさん）の場合：

$$(|\{B\}|!\,(|\{A, B, C\}| - |\{B\}| - 1)!)\,(v\,(\{B\} \cup \{A\}) - v\,(\{B\}))$$
$$= (1!(3 - 1 - 1)!)(20 - 4)$$
$$= 16$$

- $S = \{C\}$（Cさんのみ→Aさん・Cさん）の場合：

$$(|\{C\}|!\,(|\{A, B, C\}| - |\{C\}| - 1)!)\,(v\,(\{C\} \cup \{A\}) - v\,(\{C\}))$$
$$= (1!(3 - 1 - 1)!)(15 - 2)$$
$$= 13$$

- $S = \{B, C\}$（Bさん・Cさん→Aさん・Bさん・Cさん）の場合：

$$(|\{B, C\}|!\,(|\{A, B, C\}| - |\{B, C\}| - 1)!)\,(v\,(\{B, C\} \cup \{A\}) - v\,(\{B, C\}))$$
$$= (2!(3 - 2 - 1)!)(24 - 10)$$
$$= 28$$

これらを合計して6で割ると

$$\phi_A = \frac{12 + 16 + 13 + 28}{6} = 11.5$$

となり、先ほど求めたAさんの平均的な限界貢献度と一致していることが分かります。

6.4 SHapley Additive exPlanations

　前節では、協力ゲーム理論における Shapley 値のコンセプトと、それがどのように計算されるのかを紹介しました。本節では話を機械学習に戻しましょう。Shapley 値のコンセプトを機械学習に応用し、特徴量の貢献度を計算する手法は **SHapley Additive exPlanations（SHAP）** と呼ばれています。

6.4.1　特徴量が分かっている／分かっていない場合の予測値

6.1節では、複雑なブラックボックスモデルにおいて、あるインスタンスの予測値への各特徴量の貢献度をどのように分解するかを考えました。これを実現するために、モデルに投入した特徴量 $\mathbf{X} = (X_1, \dots, X_J)$ をゲームのプレイヤーと見立て、特徴量 j の貢献度 ϕ_j を Shapley 値の考え方を援用して測定しよう、というのが SHAP のアイデアです。

機械学習における SHAP と協力ゲーム理論における Shapley 値の違いは、限界貢献度の計算方法です。協力ゲーム理論では、プレイヤー j が参加することによる報酬の差分を利用していました。機械学習では、特徴量 j の値が「分かっている」ときと「分かっていない」ときの予測値の差分を用います。

$$\phi_j = \frac{1}{|\mathcal{J}|!} \sum_{\mathcal{S} \subseteq \mathcal{J} \setminus \{j\}} (|\mathcal{S}|!(|\mathcal{J}| - |\mathcal{S}| - 1)!) \underbrace{(v(\mathcal{S} \cup \{j\}) - v(\mathcal{S}))}_{\text{特徴量 } j \text{ の値が分かっているときと分かっていないときの予測値の差分}}$$

Shapley 値を機械学習に応用する場合は、$v(\mathcal{S})$ が特徴量 $\mathcal{S}$ の値のみが分かっている場合の予測値を、$v(\mathcal{S} \cup \{j\})$ が特徴量 $\mathcal{S}$ に加えてさらに特徴量 j の値が分かった場合の予測値を表します。よって、$v(\mathcal{S} \cup \{j\}) - v(\mathcal{S})$ は特徴量 j が分かっている場合と分かっていない場合での予測値の差分と解釈できます。

実際に SHAP の計算を行う上では、特徴量が分かっているときと分かっていないときの予測値をどのように表現するかが問題となります。

6.4.2　具体例：特徴量が2つの場合

具体的に、特徴量は (X_1, X_2) の2つで、インスタンス i ではそれぞれ $(x_{i,1}, x_{i,2})$ という値をとっているケースを考えてみましょう。

まず、インスタンス i におけるすべての特徴量の値 $(x_{i,1}, x_{i,2})$ が分かっている場合の予測値は、単純にそのインスタンスに対する予測値を求めれば事足ります。よって、

$$v(\{1,2\}) = \hat{f}(x_{i,1}, x_{i,2})$$

で求まります。

次に、すべての特徴量が分かっていない場合の予測値を考えます。このケースではインスタンスに対する何の情報も与えられていないので、もっともらしい予測値は予測値の期待値と考えます。つまり、

$$v(\emptyset) = \mathbb{E}\left[\hat{f}(X_1, X_2)\right]$$

となります。

では、これら以外のケースはどうでしょう。例えば、$x_{i,1}$ だけが分かっていて、$x_{i,2}$ については分かっていない場合の予測値をどう構成すればよいでしょうか。SHAPでは4.3節のPDの計算でも用いた周辺化を利用して、特徴量の値が分かっていないことを表現します。つまり、

$$v(\{1\}) = \mathbb{E}\left[\hat{f}(x_{i,1}, X_2)\right] = \int \hat{f}(x_{i,1}, x_2)p(x_2)dx_2$$

が $x_{i,1}$ だけが分かっている場合の予測値となります。

なお、この期待値を実測値から計算する際には、分かっている特徴量 X_1 に関してはすべてのインスタンスで値を $x_{i,1}$ で上書きし、すべてのインスタンスに対して予測を行い、それを平均します。

$$\frac{1}{N} \sum_{i'=1}^{N} \hat{f}(x_{i,1}, x_{i',2})$$

この具体例を用いて、各特徴量が分かっている場合と分かっていない場合の予測値の構成方法を確認してみましょう。図6.2は、すべての特徴量が分かっていないときの予測値 $\mathbb{E}\left[\hat{f}(X_1, X_2)\right]$ を基本として、$x_{i,1} \to x_{i,2}$ の順で特徴量が分かった場合に予測値がどう変化していくかを表しています。

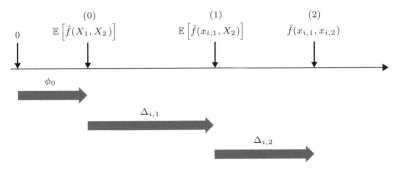

■ **図 6.2**／特徴量が分かった場合の予測値の変化

1. すべての特徴量が分かっていないときの予測値と、$x_{i,1}$ だけが分かっているときの予測値の差分から、$x_{i,1}$ が分かったことによる予測値の変化を計算

$$\Delta_{i,1} = \mathbb{E}\left[\hat{f}(x_{i,1}, X_2)\right] - \mathbb{E}\left[\hat{f}(X_1, X_2)\right]$$

2. 次に、$x_{i,1}$ だけが分かっているときと、$(x_{i,1}, x_{i,2})$ が分かっているときを比較することで、$x_{i,2}$ が分かったことによる予測値の変化を計算

$$\Delta_{i,2} = \mathbb{E}\left[\hat{f}(x_{i,1}, x_{i,2})\right] - \mathbb{E}\left[\hat{f}(x_{i,1}, X_2)\right]$$

　上記のステップを踏むことで、各特徴量が分かった場合の予測値の変化量を計算できます。これは、各特徴量の値が分かることが予測値に与える限界的な効果を見ていると解釈できます。

　また、今回は $x_{i,1} \rightarrow x_{i,2}$ の順で特徴量の値が分かったケースを考えていますが、$x_{i,2} \rightarrow x_{i,1}$ の順番で特徴量の値が分かった場合は、各特徴量が予測値に与える影響は変化します。考え得るすべての順序と、その場合の予測値に与える影響を表6.3にまとめました。

▼ **表 6.3**／特徴量の値が分かる順序と分かったときの効果

特徴量の値が分かった順番	$x_{i,1}$ が分かったことによる差分	$x_{i,2}$ が分かったことによる差分
$x_{i,1} \to x_{i,2}$	$\mathbb{E}\left[\hat{f}(x_{i,1}, X_2)\right] - \mathbb{E}\left[\hat{f}(X_1, X_2)\right]$	$\hat{f}(x_{i,1}, x_{i,2}) - \mathbb{E}\left[\hat{f}(x_{i,1}, X_2)\right]$
$x_{i,2} \to x_{i,1}$	$\hat{f}(x_{i,1}, x_{i,2}) - \mathbb{E}\left[\hat{f}(X_1, x_{i,2})\right]$	$\mathbb{E}\left[\hat{f}(X_1, x_{i,2})\right] - \mathbb{E}\left[\hat{f}(X_1, X_2)\right]$

　Shapley 値の計算と同様に、順番の影響を取り除くためには、考え得る
すべての順番で特徴量の値が分かったときの予測値に与える影響を計算
し、それを平均しなければなりません。

$$\phi_{i,1} = \frac{1}{2}\left(\left(\mathbb{E}\left[\hat{f}(x_{i,1}, X_2)\right] - \mathbb{E}\left[\hat{f}(X_1, X_2)\right]\right) + \left(\hat{f}(x_{i,1}, x_{i,2}) - \mathbb{E}\left[\hat{f}(X_1, x_{i,2})\right]\right)\right)$$

$$\phi_{i,2} = \frac{1}{2}\left(\left(\hat{f}(x_{i,1}, x_{i,2}) - \mathbb{E}\left[\hat{f}(x_{i,1}, X_2)\right]\right) + \left(\mathbb{E}\left[\hat{f}(X_1, x_{i,2})\right] - \mathbb{E}\left[\hat{f}(X_1, X_2)\right]\right)\right)$$

　考え得るすべての順序に対する予測値への影響を求め、それを平均した
値は**SHAP値**と呼ばれています[*5]。SHAP値 $\phi_{i,j}$ は、インスタンス i の予
測値に対して特徴量 j が与える平均的な影響を表しています。

　また、上式から SHAP 値 $(\phi_{i,1}, \phi_{i,2})$ の合計は

$$\phi_{i,1} + \phi_{i,2} = \hat{f}(x_{i,1}, x_{i,2}) - \underbrace{\mathbb{E}\left[\hat{f}(X_1, X_2)\right]}_{=\phi_0}$$

であり、インスタンス i の予測値と、ベースラインである予測の期待値の
差分になっていることが確認できます。ここから、SHAPはインスタンス
i の予測値をベースラインと各特徴量の貢献度の足し算の形に分解できて
いることが分かります。

　SHAPの計算には線形性の仮定を置いていないので、SHAPによる貢献
度の分解は任意のブラックボックスモデルに適用できます。6.2節では線
形回帰モデルを特徴量ごとの貢献度に分解しましたが、SHAPはその一般
化になっていると解釈できます。

＊5　SHAP 値は、Shapley 値が持ついくつかの望ましい性質を満たすことが知られています。詳細
　　は Sundararajan and Amir(2020) をご確認ください。

6.5 SHAPの実装

　理論的な話が長くなってしまいましたが、本節ではSHAPのアルゴリズムを実装することでSHAPの理解を深めます。

　まずは本章を通して必要な関数を読み込みます。

```python
import sys
import warnings
from dataclasses import dataclass
from typing import Any  # 型ヒント用
from __future__ import annotations  # 型ヒント用

import numpy as np
import pandas as pd
import matplotlib.pyplot as plt
import seaborn as sns
import japanize_matplotlib  # matplotlibの日本語表示対応

# 自作モジュール
sys.path.append("..")
from mli.visualize import get_visualization_setting

np.random.seed(42)
pd.options.display.float_format = "{:.2f}".format
sns.set(**get_visualization_setting())
warnings.simplefilter("ignore")  # warningsを非表示に
```

6.5.1 SHAPの実装

　これまでの解釈手法PFI, PD, ICEと比較してSHAPはかなりコンセプトが複雑です。まずは以下の簡単なシミュレーションデータを用いて実装を確認することにします。

$$Y = X_1 + \epsilon,$$

$$\begin{pmatrix} X_0 \\ X_1 \end{pmatrix} \sim \mathcal{N} \left(\begin{pmatrix} 0 \\ 0 \end{pmatrix}, \begin{pmatrix} 1 & 0 \\ 0 & 1 \end{pmatrix} \right),$$

$$\epsilon \sim \mathcal{N}(0, \ 0.01)$$

特徴量 X_1 は目的変数 Y に影響を与えるが、特徴量 X_0 はまったく影響を与えない、という設定でシミュレーションを行います。

早速、上記の設定でシミュレーションデータを生成してみましょう。

```python
from sklearn.model_selection import train_test_split


def generate_simulation_data():
    """シミュレーションデータを生成し、訓練データとテストデータに分割"""

    # シミュレーションの設定
    N = 1000
    J = 2
    beta = np.array([0, 1])

    # 特徴量とノイズは正規分布から生成
    X = np.random.normal(0, 1, [N, J])
    e = np.random.normal(0, 0.1, N)

    # 線形和で目的変数を作成
    y = X @ beta + e

    return train_test_split(X, y, test_size=0.2, random_state=42)


# シミュレーションデータを生成
X_train, X_test, y_train, y_test = generate_simulation_data()
```

Random Forest を使って特徴量 (X_0, X_1) と目的変数 Y の関係を学習し、予測精度を評価します。

```
from sklearn.ensemble import RandomForestRegressor
from mli.metrics import regression_metrics  # 2.3節で作成した精度評価関数


# Random Forestで予測モデルを構築
rf = RandomForestRegressor(n_estimators=500, n_jobs=-1, random_state=42)
rf.fit(X_train, y_train)

# 予測精度の評価
regression_metrics(rf, X_test, y_test)
```

	RMSE	R2
0	0.11	0.99

　単純なシミュレーションデータなので、高い精度で予測できています。
　次は、インスタンスごとの予測値と、全体での予測の平均を確認してみ
ましょう。

```
# 目的変数と予測値のデータフレームを作る
df = pd.DataFrame(data=X_test, columns=["X0", "X1"])

# インスタンスごとの予測値
df["y_pred"] = rf.predict(X_test)

# ベースラインとしての予測の平均
df["y_pred_baseline"] = rf.predict(X_test).mean()

# データフレームを出力
df.head()
```

	X0	X1	y_pred	y_pred_baseline
0	1.0	-0.04	0.08	0.05
1	-0.78	0.65	0.68	0.05
2	0.72	-0.37	-0.44	0.05
3	0.06	0.53	0.45	0.05
4	2.30	-0.36	-0.36	0.05

最も大きい予測値を出しているインスタンス1に注目します。特徴量 $X0$ の値が -0.78、$X1$ の値が 0.65 で、結果として予測値 y_pred が 0.68 となっています。ベースラインである予測の平均 y_pred_baseline は 0.05 であり、インスタンス1の予測値と、予測の平均との差分は $0.68 - 0.05 = 0.63$ となっています。

さて、なぜインスタンス1の予測値とベースラインの差分は 0.63 となったのか、SHAPを用いて特徴量 $(x_{1,0}, x_{1,1})$ の貢献度に分解して確認しましょう。このシミュレーションでは特徴量が2つしかないので、考えるべき予測は以下の4通りに限定されます。

1. $x_{1,0}$ も $x_{1,1}$ も分かっていないときの予測（予測の平均）:

$$\frac{1}{N} \sum_{i=1}^{N} \hat{f}(x_{i,0}, x_{i,1})$$

2. $x_{1,0} = -0.78$ だけが分かっているときの予測:

$$\frac{1}{N} \sum_{i=1}^{N} \hat{f}(-0.78, x_{i,1})$$

3. $x_{1,1} = 0.65$ だけが分かっているときの予測:

$$\frac{1}{N} \sum_{i=1}^{N} \hat{f}(x_{i,0}, 0.65)$$

4. $(x_{1,0}, x_{1,1}) = (-0.78, 0.65)$ が分かっているときの予測（単純なインスタンス1に対する予測）:

$$\hat{f}(-0.78, 0.65)$$

これらを実際に計算してみます。

```
# インスタンス1を抽出
x = X_test[1]

# CASE1: X0もX1も分かっていないときの予測値 ( 予測の平均 )
E_baseline = rf.predict(X_test).mean()

# CASE2: X0のみが分かっているときの予測値
# 全データのX0の値をインスタンス1のX0の値に置き換えて予測を行い、平均する
X0 = X_test.copy()
X0[:, 0] = x[0]
E0 = rf.predict(X0).mean()

# CASE3: X1のみが分かっているときの予測値
# 全データのX1の値をインスタンス1のX1の値に置き換えて予測を行い、平均する
X1 = X_test.copy()
X1[:, 1] = x[1]
E1 = rf.predict(X1).mean()

# CASE4: X1もX2も分かっているときの予測値
E_full = rf.predict(x[np.newaxis, :])[0]

# 結果を出力
print(f"CASE1: X0もX1も分かっていないときの予測値 -> {E_baseline: .2f}")
print(f"CASE2: X0のみが分かっているときの予測値 -> {E0: .2f}")
print(f"CASE3: X1のみが分かっているときの予測値 -> {E1: .2f}")
print(f"CASE4: X1もX2も分かっているときの予測値 -> {E_full: .2f}")
```

```
CASE1: X0もX1も分かっていないときの予測値 ->  0.05
CASE2: X0のみが分かっているときの予測値 ->  0.05
CASE3: X1のみが分かっているときの予測値 ->  0.65
CASE4: X0もX1も分かっているときの予測値 ->  0.68
```

　SHAP値は限界貢献度を平均することで求めることができました。例え
ば、 $x_{1,0}$ の限界貢献度は、 $x_{1,0}$ が分かったときにどのくらい予測値が変
化するかで求めることができます。

- 「 $x_{1,0}$ だけが分かっているときの予測値」－「 $x_{1,0}$ も $x_{1,1}$ も分かって

いないときの予測値」

- 「$x_{1,0}$ も $x_{i,1}$ も分かっているときの予測値」 – 「$x_{1,1}$ だけが分かっているときの予測値」

この2つの差分から限界貢献度を計算し、それを平均すると SHAP 値となります。$x_{1,1}$ についても同様です。

```
SHAP0 = ((E0 - E_baseline) + (E_full - E1)) / 2
SHAP1 = ((E1 - E_baseline) + (E_full - E0)) / 2

print(f"(SHAP0, SHAP1) = {SHAP0:.2f}, {SHAP1:.2f}")
```

```
(SHAP0, SHAP1) = 0.02, 0.62
```

SHAP によって、予測値0.68とベースライン0.05の差分0.63は、$x_{1,0} = -0.78$ の貢献度0.02と、$x_{1,1} = 0.69$ の貢献度0.62に分解できました[6]。

$$\underbrace{\hat{f}(x_{i,0}, x_{i,1})}_{0.68} - \underbrace{\phi_0}_{0.05} = \underbrace{\phi_{1,0}}_{+0.02} + \underbrace{\phi_{1,1}}_{+0.62}$$

ここで、インスタンス1の特徴量 X_0 の貢献度 $\phi_{1,0}$ がほぼゼロで、特徴量 X_1 の貢献度 $\phi_{1,1}$ が $x_{1,1}$ の値と近くなっています。シミュレーションの設定を思い出すと、$Y = X_1 + \epsilon$ だったので、SHAP 値でモデルがなぜこのような予測値を出したのかをうまく説明できていることが分かります。

6.5.2 ShapleyAdditiveExplanations クラスの実装

具体的な2つの特徴量の例を離れて、より一般的に SHAP を計算するクラスを作成していきましょう。まずは ShapleyAdditiveExplanations クラ

---

[6] 説明の都合上、小数点第2位で丸めているので誤差が出ていますが、実際は「予測値と予測の平均の差分」と「$x_{i,0}$ と $x_{i,1}$ の貢献度の和」はともに 0.63699... で一致しています。

スを書き下し、次にひとつひとつの機能を説明していきます。

```python
from scipy.special import factorial
from itertools import combinations


@dataclass
class ShapleyAdditiveExplanations:
    """SHapley Additive exPlanations

    Args:
        estimator: 学習済みモデル
        X: SHAPの計算に使う特徴量
        var_names: 特徴量の名前
    """

    estimator: Any
    X: np.ndarray
    var_names: list[str]

    def __post_init__(self) -> None:
        # ベースラインとしての平均的な予測値
        self.baseline = self.estimator.predict(self.X).mean()

        # 特徴量の総数
        self.J = self.X.shape[1]

        # あり得るすべての特徴量の組み合わせ
        self.subsets = [
            s
            for j in range(self.J + 1)
            for s in combinations(range(self.J), j)
        ]

    def _get_expected_value(self, subset: tuple[int, ...]) -> np.ndarray:
        """特徴量の組み合わせを指定すると特徴量が分かった場合の予測値を計算

        Args:
            subset: 特徴量の組み合わせ
```

```
    """

    _X = self.X.copy()  # 元のデータが上書きされないように

    # 特徴量がある場合は上書き。なければそのまま
    if subset is not None:
        # 元がtupleなのでリストにしないとインデックスとして使えない
        _s = list(subset)
        _X[:, _s] = _X[self.i, _s]

    return self.estimator.predict(_X).mean()

def _calc_weighted_marginal_contribution(
    self,
    j: int,
    s_union_j: tuple[int, ...]
) -> float:
    """「限界貢献度x組み合わせ出現回数」を求める

    Args:
        j: 限界貢献度を計算したい特徴量のインデックス
        s_union_j: jを含む特徴量の組み合わせ
    """

    # 特徴量jがない場合の組み合わせ
    s = tuple(sorted(set(s_union_j) - set([j])))

    # 組み合わせの数
    S = len(s)

    # 組み合わせの出現回数
    # ここでfactorial(self.J)で割ってしまうと丸め誤差が出る
    # そこで、ここでは割らずあとで割ることにする
    weight = factorial(S) * factorial(self.J - S - 1)

    # 限界貢献度
    marginal_contribution = (
        self.expected_values[s_union_j] - self.expected_values[s]
    )
```

```
        return weight * marginal_contribution

    def shapley_additive_explanations(self, id_to_compute: int) -> None:
        """SHAP値を求める

        Args:
            id_to_compute: SHAPを計算したいインスタンス
        """

        # SHAPを計算したいインスタンス
        self.i = id_to_compute

        # すべての組み合わせに対して予測値を計算
        # 先に計算しておくことで同じ予測を繰り返さずに済む
        self.expected_values = {
            s: self._get_expected_value(s) for s in self.subsets
        }

        # ひとつひとつの特徴量に対するSHAP値を計算
        shap_values = np.zeros(self.J)
        for j in range(self.J):
            # 限界貢献度の加重平均を求める
            # 特徴量jが含まれる組み合わせを全部もってきて
            # 特徴量jがない場合の予測値との差分を見る
            shap_values[j] = np.sum([
                self._calc_weighted_marginal_contribution(j, s_union_j)
                for s_union_j in self.subsets
                if j in s_union_j
            ]) / factorial(self.J)

        # データフレームとしてまとめる
        self.df_shap = pd.DataFrame(
            data={
                "var_name": self.var_names,
                "feature_value": self.X[id_to_compute],
                "shap_value": shap_values,
            }
        )
```

```python
    def plot(self) -> None:
        """SHAPを可視化"""

        # 下のデータフレームを書き換えないようコピー
        df = self.df_shap.copy()

        # グラフ用のラベルを作成
        df['label'] = [
            f"{x} = {y:.2f}" for x, y in zip(df.var_name, df.feature_value)
        ]

        # SHAP値が高い順に並べ替え
        df = df.sort_values("shap_value").reset_index(drop=True)

        # 全特徴量の値が分かっているときの予測値
        predicted_value = self.expected_values[self.subsets[-1]]

        # 棒グラフを可視化
        fig, ax = plt.subplots()
        ax.barh(df.label, df.shap_value)
        ax.set(xlabel="SHAP値", ylabel=None)
        fig.suptitle(f"SHAP値 \n(Baseline: {self.baseline:.2f}, Prediction:
{predicted_value:.2f}, Difference: {predicted_value - self.baseline:.2f})")

        fig.show()
```

ShapleyAdditiveExplanations クラスには、学習済みモデル、SHAP を
計算するためのデータ、特徴量名を与えてインスタンスを作成します。イ
ンスタンスに対して shapley_additive_explanations() メソッドを適用す
ることで SHAP 値が計算できます。このとき、どのインスタンスに対し
て SHAP 値を計算するかを指定します。

具体的に、インスタンス 1 に対して SHAP 値を計算してみましょう。

```python
# SHAPのインスタンスを作成
shap = ShapleyAdditiveExplanations(rf, X_test, ["X0", "X1"])
```

```
# インスタンス1に対してSHAP値を計算
shap.shapley_additive_explanations(id_to_compute=1)

# SHAP値を出力
shap.df_shap
```

	var_name	feature_value	shap_value
0	X0	-0.78	0.02
1	X1	0.65	0.62

　X0のSHAP値は0.02、X1のSHAP値は0.62となり、先ほどの具体例と同じ結果を得ることができました。

　それではShapleyAdditiveExplanationsクラスの説明に入ります。

__post_init__()

　まず、__post_init__メソッドでは事前に必要な処理をいくつか行っています。平均的な予測値をbaselineに、特徴量の総数をJに格納しています。

　具体例では特徴量が2つの場合を考えていましたが、より一般的にはJ個の特徴量がある場合を考える必要があります。この場合、すべての特徴量で2^Jの組み合わせを考慮する必要があります。

　組み合わせを考慮するために、itertoolsモジュールのcombinations(iterable, r)関数を使います。これはiterableに渡したリストからr個を選ぶ場合の組み合わせをすべて網羅してくれる関数です。例えば、["A", "B", "C"]の3つから2つを選ぶ組み合わせは("A", "B")、("A", "C")、("B", "C")の3つです。

```
# A, B, Cから2つを選ぶ組み合わせ
list(combinations(["A", "B", "C"], 2))
```

```
[('A', 'B'), ('A', 'C'), ('B', 'C')]
```

SHAPを計算する際には、 J 個の特徴量から0個が分かっている(何も分かっていない)場合から、 J 個の特徴量すべてが分かっている場合まで、すべての組み合わせを考慮する必要があります。この考え得るすべての組み合わせをsubsetsとして保存しています。

```
# 特徴量X0、X1の分かっている組み合わせ
shap.subsets
```

```
[(), (0,), (1,), (0, 1)]
```

[(), (0,), (1,), (0, 1)]は、それぞれ何も分かっていない、特徴量 X_0 の値だけが分かっている、特徴量 X_1 の値だけが分かっている、特徴量 (X_0, X_1) の両方の値が分かっていることを表現しています。2つの特徴量の例で、必要な組み合わせが網羅できていることが確認できました。

_get_expected_value()
次に、ひとつひとつの特徴量の組み合わせに対して、予測値を計算する関数を作成します。2つの特徴量の例と同じく、特徴量に関してのみ値を上書きして全データに対して予測を行い、平均します。_get_expected_value()メソッドを用いることで、特徴量のパターンごとに予測値を計算できます。

```
# 特定の特徴量が分かっている場合の予測値を計算
{s: shap._get_expected_value(s) for s in shap.subsets}
```

```
{(): 0.047955112724797695,
 (0,): 0.05378464398417267,
 (1,): 0.6519497702656634,
 (0, 1): 0.6849473377476549}
```

ひとつひとつの組み合わせについて予測値を計算できました。この予測値を用いて、次は限界貢献度を計算する関数を作ります。

_calc_weighted_margianl_contribution()

限界貢献度は特徴量 j が含まれている組み合わせ $\mathcal{S} \cup \{j\}$ に対する予測と、そこから特徴量 j を取り除いた $\mathcal{S}$ に対する予測の差分で計算できます。

$$\phi_j = \underbrace{\frac{1}{|\mathcal{J}|!}}_{\text{組み合わせの総数}} \sum_{\mathcal{S} \subseteq \mathcal{J} \setminus \{j\}} \underbrace{(|\mathcal{S}|!(|\mathcal{J}| - |\mathcal{S}| - 1)!)}_{\text{組み合わせの出現回数}} \underbrace{(v(\mathcal{S} \cup \{j\}) - v(\mathcal{S}))}_{\text{特徴量 } j \text{ の値が分かったことによる予測値の変化}}$$

SHAP値を計算する際に出現確率を重みとして限界貢献度の加重平均をしたいので、組み合わせの出現回数で重みを付けておくことにします。ひとつひとつの組み合わせに対して、「出現回数 × 限界貢献度」を計算し、総和をとったあとで組み合わせの総数 $|\mathcal{J}|!$ で割ることで、加重平均であるSHAPを求めることができます。組み合わせの総数 $|\mathcal{J}|!$ で割る以外の部分

$$\sum_{\mathcal{S} \subseteq \mathcal{J} \setminus \{j\}} (|\mathcal{S}|!(|\mathcal{J}| - |\mathcal{S}| - 1)!)(v(\mathcal{S} \cup \{j\}) - v(\mathcal{S}))$$

を _calc_weighted_margianl_contribution() メソッドとして定義しておきます。なお、階乗の計算にはscipyのspecialモジュールにあるfactorial()関数を使います。

_calc_weighted_margianl_contribution() メソッドを利用して $x_{1,1}$ のSHAP値を計算できます。

```
# 特徴量X1に対するSHAP値を計算
j = 1
np.sum([
    shap._calc_weighted_marginal_contribution(j, s_union_j)
    for s_union_j in shap.subsets
    if j in s_union_j
]) / factorial(shap.J)
```

```
0.617578675652174
```

shapley_additive_explanations()

これらの関数を組み合わせたものが shapley_additive_explanations() メソッドです。df_shap には SHAP 値が格納されており、さらに、plot() メソッドを用いることで可視化も可能です。

```
# SHAP値を計算
shap.shapley_additive_explanations(id_to_compute=1)

# SHAP値を可視化
shap.plot()
```

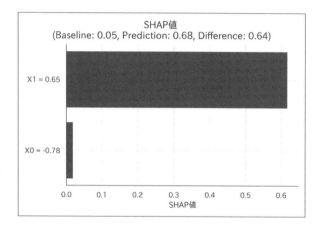

SHAP によって、予測値とベースラインの差分 0.64 であること、その差分は $x_{1,0} = -0.78$ のほぼゼロの貢献度と $x_{1,1} = 0.65$ の約 0.6 の貢献度に分解できることが見てとれます。

6.6 実データでの分析

6.6.1 shapパッケージの導入

前節では、実際に SHAP を実装しデータを分析することを通じて、SHAP のアルゴリズムの理解を進めてきました。もちろん、実務の際には既存のパッケージを利用します。Python 環境で SHAP 値を計算する最も使い勝手の良いパッケージは shap[*7] になります。shap パッケージを用いることで、より高速で簡便に SHAP 値を用いた分析が可能です。

それでは、早速 shap パッケージを使った分析に入っていきましょう。2.3 節で利用したボストンの住宅価格データセットと学習済みモデルを利用します。

```
import joblib


# データと学習済みモデルを読み込む
X_train, X_test, y_train, y_test = joblib.load("../data/boston_housing.pkl")
rf = joblib.load("../model/boston_housing_rf.pkl")
```

shap パッケージを用いる際には、まず第一に explainer を作成します。

explainer を作成するクラスはモデル別にいくつか用意されており、今回使用する Random Forest の場合は TreeExplainer クラスを使います[*8]。学習済みモデルと SHAP 値を計算したいデータを与えることで explainer

---

＊7　https://github.com/slundberg/shap
＊8　例えば、線形回帰モデルに対しては LinerExplainer クラスが、Neural Net に対しては DeepExplainer クラスが用意されています。詳細は shap の GitHub にある example を参考にしてください（https://github.com/slundberg/shap）。

を作成できます[9]。

```
import shap


# SHAP値を計算するためのexplainerを作成
explainer = shap.TreeExplainer(
    model=rf,  # 学習済みモデル
    data=X_test,  # SHAPを計算するためのデータ
    feature_perturbation="interventional",  # 推奨
)
```

explainerが作成できたので、SHAP値を計算します。explainerに
SHAP値を計算したいデータを与えることで、SHAP値が計算できま
す[10]。

```
# SHAP値を計算
shap_values = explainer(X_test)
```

---

* 9　実は、TreeExplainer にデータを与えなくても explainer は作成できて、その場合 feature_
perturbation='tree_path_dependent' が指定されます。一方で、本文のようにデータを与え
た場合は、feature_perturbation='interventional' が指定されます。
interventional と tree_path_dependent の違いは、特徴量の値が分かっていない状態を表現
するための期待値のとり方です。interventional の場合は、X_j 以外の特徴量の値が分かっ
ていないことを表現するために周辺分布 $p(\mathbf{x}_{\setminus j})$ を用いて期待値をとります。

$$\mathbb{E}\left[\hat{f}\left(x_j, \mathbf{X}_{\setminus j}\right)\right] = \int \hat{f}(x_j, \mathbf{x}_{\setminus j}) p(\mathbf{x}_{\setminus j}) d\mathbf{x}_{\setminus j}$$

これは、6.4 節で解説した計算方法と同じです。
一方で、tree_path_dependent の場合は条件付き期待値

$$\mathbb{E}\left[\hat{f}(x_j, \mathbf{X}_{\setminus j})|X_j = x_j\right] = \int \hat{f}(x_j, \mathbf{x}_{\setminus j}) p(\mathbf{x}_{\setminus j}|x_j) d\mathbf{x}_{\setminus j}$$

を計算します。積分をとる際の確率密度関数が条件付き分布 $p(\mathbf{x}_{\setminus j} \mid x_j)$ となっていることに
注意してください。
tree_path_dependent は、特徴量同士に相関がある場合にモデルが実際には利用していない特
徴量に対してもゼロでない貢献度がつく問題があり、実務上はデータを与えて
interventional を選択することを推奨します。詳細は Janzing et al.(2020)、Sundararajan and
Najmi(2020) や以下の議論をご確認ください。
  • https://github.com/slundberg/shap/issues/882
  • https://github.com/christophM/interpretable-ml-book/issues/142

* 10　このデータセットでは、X_test に含まれる特徴量は 13 個、インスタンスは 100 程度なので、
すぐに計算が終わりますが、大きいデータセットを用いる場合は非常に計算に時間がかかる
場合があります。その場合は SHAP 値を計算したいインスタンスを限定するなどの対応で計
算を高速化する必要があります。

shap_valuesにはSHAP値だけでなく、各インスタンスの特徴量の値など、SHAP値の可視化に必要な情報がすべて格納されています。

```
# インスタンス0の情報。表示されていないが変数名なども格納されている
shap_values[0]
```

```
.values =
array([ 0.44924819,  0.0064612 , -0.07374332, -0.0059334 ,  0.24057655,
       -0.75573828, -0.21184274,  0.07854384,  0.02089209,  0.10778563,
        0.33532324,  0.02934682,  1.26302041])
.base_values =
21.353500000000007
.data =
array([9.1780e-02, 0.0000e+00, 4.0500e+00, 0.0000e+00, 5.1000e-01,
       6.4160e+00, 8.4100e+01, 2.6463e+00, 5.0000e+00, 2.9600e+02,
       1.6600e+01, 3.9550e+02, 9.0400e+00])
```

6.6.2　SHAP値の可視化

SHAP値が計算できたので、可視化を行ってみましょう。shapのplotsモジュールに可視化のための関数がいくつか用意されています。

まずは1つのインスタンスの予測値を特徴量ごとの貢献度に分解してみましょう。shap.plots.waterfall()関数でインスタンス0についてのSHAP値を可視化できます。

```
# インスタンス0のSHAP値を可視化
shap.plots.waterfall(shap_values[0])
```

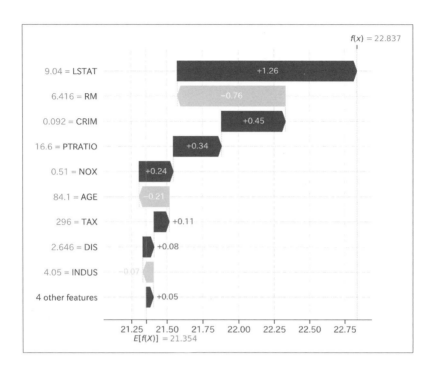

　予測の平均E[f(X)]は21.354で、インスタンス0の予測値f(x)は22.837であり、インスタンス0では平均よりも高い値が予測されていることが分かります。この予測値と平均との差分が、各特徴量の貢献度によって分解されています。shap.plots.waterfall()関数は（絶対値で見て）貢献度の小さい特徴量から順番に足し上げる形になっており、図の下側の予測の平均21.354から各特徴量の予測値への貢献が積みあがった結果、最終的な予測値22.837となっています。最も貢献度が大きいのは低所得世帯の割合LSTATによる＋1.26の貢献であることが分かります。なお、貢献度の小さい特徴量は4 other featuresとして1つにまとめられています。引数max_displayで十分大きな数字を指定すると全特徴量について貢献度を可視化できます。

　続いて、インスタンス1に関してもSHAP値を確認してみましょう。

```
# インスタンス1のSHAP値を可視化
shap.waterfall_plot(shap_values[1])
```

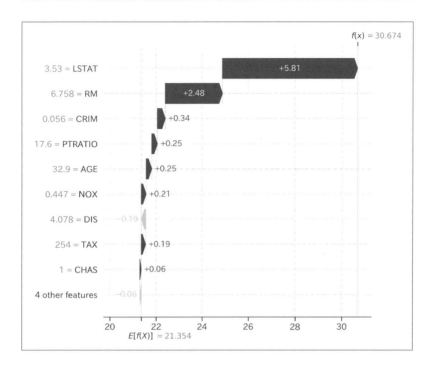

　インスタンス1の予測値は30.674であり、平均よりも予測が高くなっています。差分を貢献度で分解すると、一番貢献度が大きいのは同じく低所得世帯の割合LSTATですが、＋5.81の貢献となっており、インスタンスごとに特徴量が予測値に与える影響が異なることが分かります。

　このように、SHAP値を用いることで、ひとつひとつのインスタンスの予測値に対して「なぜそのような予測を行ったのか」の理由を知ることができます。

6.7 ミクロからマクロへ

　これまで見てきたように、SHAPはひとつひとつのインスタンスの予測値の理由を解釈するミクロな（ローカルな）解釈手法でした。実は、SHAPは適当な粒度で集計や可視化を行うことで、特徴量重要度やPartial Dependenceのようなマクロな（グローバルな）解釈手法としても利用できます。

6.7.1 SHAPによる特徴量重要度の可視化

　実際に、SHAPを特徴量重要度を解釈する方法として利用してみましょう。インスタンス i に対する特徴量 j のSHAP値を $\phi_{i,j}$ とします。$\phi_{i,j}$ はひとつひとつのインスタンスの予測値に対する貢献度を表しているので、全インスタンスに対して平均をとると、平均的な貢献度の大きさを知ることができます。このとき、単純に平均をとるとプラスマイナスが相殺されてしまうので、$\phi_{i,j}$ の絶対値の平均をとることにします。

$$\frac{1}{N} \sum_{i=1}^{N} |\phi_{i,j}|$$

　これを特徴量の重要度として解釈するのがSHAPによる特徴量重要度の定義です。

　SHAPによる特徴量重要度を計算・可視化する関数として shap.plots. bar() 関数が用意されています。

```
# 棒グラフで重要度を可視化
shap.plots.bar(shap_values=shap_values)
```

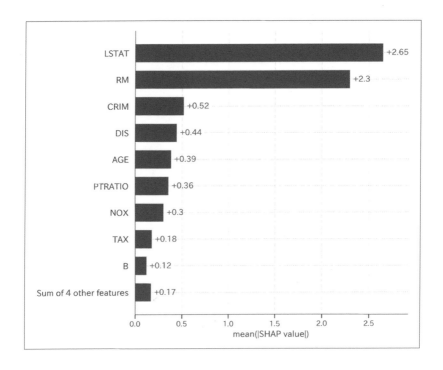

　各特徴量の平均的な重要度が可視化されました。重要な特徴量から順に
上から並んでいます。可視化によって、平均的には地域の低所得世帯の割
合LSTATの重要度が最も高いことが見てとれます。3.8節でPFIを用いて計
算した重要度とは順位が若干違いがあり、「何をもって重要な特徴量とす
るか」の定義に応じて重要度に差が見られることが分かります。とはい
え、PFIでは重要な特徴量がSHAPでは重要でないといったことはなく、
PFIとSHAPで重要度の傾向は似通っていることも見てとれます。
　さらに、SHAPによる特徴量重要度では、単なる平均的な貢献度を確認
する以上の可視化を行うことができます。shap.plots.bar()関数の代わ
りにshap.plots.beeswarm()関数を利用してみましょう。

```
# beeswarm plotで重要度を可視化
shap.plots.beeswarm(shap_values)
```

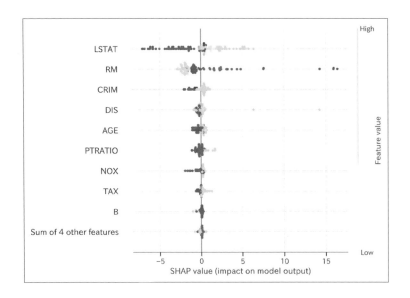

　SHAPは各インスタンスで個別に特徴量の貢献度を計算しているので、平均的な貢献度に注目するだけではなく、貢献度の分布を確認できます。これはPFIにはない利点です。貢献度の分布を可視化した場合も平均的な貢献度でソートされて上から順に並んでいます。点の色が赤いほど（紙面では濃いほど）特徴量の値は大きく、色が青いほど（紙面では薄いほど）特徴量の値は小さいことを表しています。

　貢献度の分布が可視化されることで、平均値を見ただけでは分からなかったさまざまな情報が可視化されます。例えば、低所得世帯の割合LSTATが予測値に与える影響は−5強から＋5強までインスタンスによって広く異なること、低所得世帯の割合LSTATが高いほど予測値にマイナスの影響を与えることが見てとれます。また、平均的な部屋の数RMを見ると、ほとんどの貢献度は−2から＋1付近に固まっていること、平均的な部屋数が非常に大きいインスタンスでは外れ値的に予測に大きなプラスの貢献をしていることが見てとれます。

　このように、貢献度の分布からは平均値では分からなかったさまざまな情報を得ることができ、さらに深くモデルを解釈していくための手がかりが得られます。shapパッケージを用いて特徴量重要度を見る際には、常

に分布を確認することを推奨します。

6.7.2　SHAPによるPDの可視化

　SHAPは特徴量重要度のように使うだけでなく、横軸に各インスタンスの特徴量の値 $x_{i,j}$ を、縦軸にSHAP値 $\phi_{i,j}$ をとることで、PDのように特徴量と予測値の関係を解釈する用途でも使うことができます。

　可視化には shap.plots.scatter() 関数を使います。shap.plots.scatter() 関数でPDを作成するには、可視化したい特徴量についての shap_values を与える必要があります。今回は低所得層の割合LSTATを用います。また、引数color にも shap_values を指定すると、LSTATと最も強い交互作用を持つ特徴量を自動で選択し、その特徴量の値の高低で色付けを行います。shap.plots.beeswarm() 関数と同じく、点の色が赤いほど（紙面では濃いほど）特徴量の値は大きく、色が青いほど（紙面では薄いほど）特徴量の値は小さいことを表しています。

```
# SHAPによるPDを可視化
shap.plots.scatter(shap_values[:, "LSTAT"], color=shap_values)
```

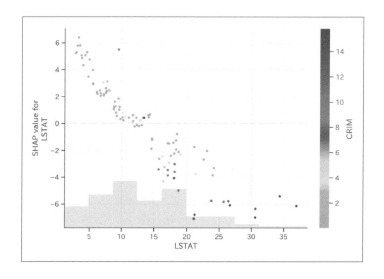

　低所得層の割合LSTATが高いほどSHAP値が低くなること、またその関係は線形ではなく徐々に効果が弱まっていく関係が見てとれます。

　また、PDのように平均的な関係だけでなく、ICEのようにインスタンスごとの違いを確認することもできます。ただし、ICEは他の特徴量を固定した状態で、ある特徴量だけが変化した場合の予測値、つまり、ある特徴量が変化した際の影響を可視化していましたが、SHAPによるPDはあくまでひとつひとつのインスタンスの予測値への貢献度と特徴量の関係を見ていることに注意してください。

　可視化結果を注意深く確認すると、低所得層の割合LSTATが同じでも、インスタンスによってSHAP値の値が違うことが分かります。前述の通り、`shap.plots.scatter()`関数はLSTATと最も強い交互作用を持つ特徴量を自動で選択し、その特徴量の値の高低で色付けを行っています。今回は犯罪発生率CRIMが選ばれていて、例えばLSTATが15から25の部分では、CRIMが高いほどLSTATの貢献度が強くマイナスになることが見てとれます。

シミュレーションデータによる確認

　交互作用をより明確に可視化するため、5.2節で用いたシミュレーションデータ

$$Y = X_0 - 5X_1 + 10X_1X_2 + \epsilon,$$
$$X_0 \sim \text{Uniform}(-1, 1),$$
$$X_1 \sim \text{Uniform}(-1, 1),$$
$$X_2 \sim \text{Bernoulli}(0.5),$$
$$\epsilon \sim \mathcal{N}(0, 0.01)$$

を再利用し、交互作用を学習したモデルの予測結果をうまく解釈できるかを確認してみます。このシミュレーションでは、$X_2 = 1$のときはX_1は目的変数と正の関係があり、$X_2 = 0$のときはX_1は目的変数とは負の関係があるという設定でした。

```
def generate_simulation_data():
    """シミュレーションデータを生成し、訓練データとテストデータに分割"""

    # シミュレーションの設定
    N = 1000

    # X0とX1は一様分布から生成
    x0 = np.random.uniform(-1, 1, N)
    x1 = np.random.uniform(-1, 1, N)
    # 二項分布の試行回数を1にすると成功確率0.5のベルヌーイ分布と一致
    x2 = np.random.binomial(1, 0.5, N)
    # ノイズは正規分布からデータを生成
    epsilon = np.random.normal(0, 0.1, N)

    # 特徴量をまとめる
    X = np.column_stack((x0, x1, x2))

    # 線形和で目的変数を作成
    y = x0 - 5 * x1 + 10 * x1 * x2 + epsilon

    return train_test_split(X, y, test_size=0.2, random_state=42)


# シミュレーションデータを生成
X_train, X_test, y_train, y_test = generate_simulation_data()
```

　先ほどと同様、Random Forestで学習を行ったあと、explainerを作成
し、SHAP値を計算します。

```
# Random Forestで予測モデルを構築
rf = RandomForestRegressor(n_jobs=-1, random_state=42).fit(X_train, y_train)

# 特徴量の名前が分かると便利なのでデータフレームにする
X_test = pd.DataFrame(X_test, columns=["X0", "X1", "X2"])

# explainerを作成
explainer = shap.TreeExplainer(rf, X_test)
```

```
# SHAP値を計算
shap_values = explainer(X_test)
```

交互作用を持つ X_1 に関して、SHAP による PD を作成します。

```
# SHAPによるPDを可視化
shap.plots.scatter(shap_values[:, "X1"], color=shap_values)
```

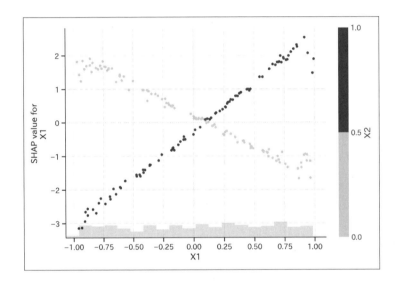

$X_2 = 1$ のときは X_1 が大きくなるほど SHAP 値も高くなり、 $X_2 = 0$ のときは X_1 が大きくなるほど SHAP 値も小さくなることが見てとれます。 X_2 の値によって特徴量 X_1 と予測値の関係が異なることを明確にとらえることができていると言えるでしょう。

6.8 SHAPの利点と注意点

　このように、SHAPを用いることで、機械学習モデルが「なぜその予測値を出したのか」を各特徴量の貢献度に分解して解釈できます。最後にSHAPの利点と注意点についてまとめておきます。

利点

- SHAPは協力ゲーム理論のShapley値の考え方を応用しているので、貢献度の分解において、Shapley値はいくつかの望ましい性質を持っている
- SHAPは各インスタンスに対して使えるミクロな解釈手法だが、適切な粒度で集計・可視化することで、Partial Dependenceや変数重要度のようにマクロな解釈手法としても用いることができる

注意点

- 特定インスタンスに対して、「なぜモデルがこの予測値を出したのか」は分かるが「特徴量が変化した際に予測値がどう反応するか」は分からない
  - この解釈はICEでサポートされているので、ICEを併用する
- SHAPは計算コストが高い[11]
  - 特徴量やインスタンスの数が大きくなると計算時間が長くなるので、SHAPを計算するインスタンスを限定するなどの工夫が必要
- PFIやPDと比較して、理論面が相対的に難しく、データ分析の非専門家への説明に苦労する場合がある
  - マクロな解釈で事足りる場合は、より直感的なPFIやPDを使うこ

---

[11]　本書で紹介したSHAP値を計算するために考え得るすべての組み合わせを計算する手法は、正確なSHAP値を計算できますが計算コストが高く、多くのパッケージは近似手法を用いて実装されています。しかし、近似手法を用いても依然としてSHAP以外の解釈手法より計算コストは高いです。近似手法の詳細についてはMolnar(2019)をご確認ください。

とも考えられる

参考文献

- Lundberg, Scott M., and Su-In Lee. "A unified approach to interpreting model predictions." Advances in Neural Information Processing Systems. (2017).

- Lundberg, Scott M., Gabriel G. Erion, and Su-In Lee. "Consistent individualized feature attribution for tree ensembles." arXiv preprint arXiv:1802.03888 (2018).

- Lundberg, Scott M., et al. "Explainable AI for Trees: From Local Explanations to Global Understanding." arXiv preprint arXiv:1905.04610 (2019).

- Sundararajan, Mukund, and Amir Najmi. "The many Shapley values for model explanation." International Conference on Machine Learning. PMLR. (2020).

- Janzing, Dominik, Lenon Minorics, and Patrick Blöbaum. "Feature relevance quantification in explainable AI: A causal problem." International Conference on Artificial Intelligence and Statistics. PMLR. (2020).

- Molnar, Christoph. "Interpretable machine learning. A Guide for Making Black Box Models Explainable." (2019). https://christophm.github.io/interpretable-ml-book/.

- 岡田卓.「ゲーム理論 新版」. 有斐閣. (2011).

付録 A

Rによる分析例
～tidymodelsとDALEXで 機械学習モデルを解釈する～

　データ分析を行う際に、Pythonと並んで利用頻度が高い言語とし
てRが挙げられます。本書では機械学習の解釈手法の実装と実データ
への適用をPythonを用いて行ってきましたが、本章ではRユーザに
向けて、Rを用いて機械学習モデルを解釈する方法を紹介します。

A.1　tidymodelsとDALEX

　R[*1]で機械学習を行う際に、一連の作業を進めるのに便利なパッケージが **tidymodels**[*2]です。tidymodels はいくつかのパッケージ群から構成されており、訓練データとテストデータの分割、特徴量エンジニアリングなどの前処理、モデルの作成、モデルの学習、予測精度の評価からハイパーパラメータのチューニングに至るまで、機械学習の一連の作業を効率よく統一的に行うことを可能にします。R におけるデータハンドリングと可視化のデファクトスタンダードとなっている **tidyverse** パッケージ[*3]とシンタックスが統一されているため、R ユーザにとって非常に使い勝手の良いパッケージとなっています[*4]。

　一方で、R で機械学習の解釈手法を利用する際に便利なパッケージが **DALEX**[*5]です。DALEX もいくつかのパッケージから構成されており、本書で紹介した PFI, PD, ICE, SHAP など、機械学習モデルの解釈手法を統一的なシンタックスで行うことを可能にしています。

　DALEX は tidymodels で作成した機械学習モデルを受け取ることができます。よって、tidymodels で機械学習モデルを構築し、DALEX でモデルを解釈するというフローが非常に効率的であり、本書ではその方法を紹介します。

A.2　データの読み込み

　まずは tidymodels と DALEX パッケージを読み込みます。

```
# 下記パッケージをインストールしていない場合はインストールしてください
# install.packages(c("tidymodels", "DALEX", "ranger", "mlbench"))
```

＊1　https://www.r-project.org/.
＊2　Python の scikit-learn に相当するパッケージです（https://www.tidymodels.org/）。
＊3　Python の pandas, matplotlib, seaborn を合わせたようなパッケージです（https://www.tidyverse.org/）。なお、tidymodels を読み込むと、tidyverse のいくつかのパッケージも読み込まれます。
＊4　本書では R の基本的な使い方は既知のものとして解説を行います。データ分析向けの R の入門書は Wickham and Grolemund(2016) をお勧めします。
＊5　https://dalex.drwhy.ai/.

```
# 読み込み
library(tidymodels)
library(DALEX)

# 乱数を固定
set.seed(42)
```

次に、データセットを読み込みます。データセットはPythonの場合と同じく、2.3節で利用したボストンの住宅価格データセットを用います。RではボストンのЭ住宅価格データセットはmlbenchパッケージに用意されています。

data()関数でパッケージとデータ名を指定することでデータを読み込むことができます。

```
# データを読み込み
data(BostonHousing, package = "mlbench")
```

BostonHousingという変数にデータが格納されます。データの中身を確認しておきます。

```
# 中身を確認
BostonHousing %>%
  head()
```

```
      crim zn indus chas   nox    rm  age    dis rad tax ptratio      b lstat
1 0.00632 18  2.31    0 0.538 6.575 65.2 4.0900   1 296    15.3 396.90  4.98
2 0.02731  0  7.07    0 0.469 6.421 78.9 4.9671   2 242    17.8 396.90  9.14
3 0.02729  0  7.07    0 0.469 7.185 61.1 4.9671   2 242    17.8 392.83  4.03
4 0.03237  0  2.18    0 0.458 6.998 45.8 6.0622   3 222    18.7 394.63  2.94
5 0.06905  0  2.18    0 0.458 7.147 54.2 6.0622   3 222    18.7 396.90  5.33
6 0.02985  0  2.18    0 0.458 6.430 58.7 6.0622   3 222    18.7 394.12  5.21
  medv
1 24.0
2 21.6
3 34.7
```

```
4 33.4
5 36.2
6 28.7
```

　なお、%>%はパイプ演算子と呼ばれていて、左辺を右辺の関数の第一引数に代入します。例えば、x %>% f() %>% g()はg(f(x))という意味になります。よって、上記のコードはhead(BostonHousing)と同じ意味になります。Rではこのパイプ演算子が多用される傾向があり、本書で紹介するコードでも何度も登場します。

A.3　tidymodelsによる 機械学習モデルの構築

A.3.1　データの分割

　データが確認できたので、tidymodelsを用いて機械学習モデルを構築しましょう。まずはデータセットを訓練データとテストデータに分割します。
　initial_split()関数で訓練データが占める割合(prop)を指定し、splitとして保存します。そのあとsplitにtraining()関数を適用すると訓練データを、testing()関数を適用するとテストデータを抽出できます。

```
# データ分割方法を指定
split <- initial_split(BostonHousing,  prop = 0.8)

# 訓練データとテストデータに分割
df_train <- training(split)
df_test  <- testing(split)
```

A.3.2　モデルの作成

　次に、モデルの作成を行います。Random Forestで予測モデルを構築するためにrand_forest()関数を使います。rand_forest()関数では、

- 作成する決定木の数（trees）
- ノードに最低限含まれるインスタンス数（min_n）
- 各ノードで分割に用いる特徴量の数（mtry）

というハイパーパラメータを指定できます。今回は、2.3節と条件を揃えて、scikit-learnのRandomForestRegressorクラスのデフォルト値に合わせて指定しておきます。つまり、trees=100、特徴量は常に全特徴量を使うのでmtry=13、そしてmin_n=1です。

次にset_engine()関数でどのパッケージのRandom Forestを利用するかを指定します。RではさまざまなパッケージでRandom Forestが実装されており、利用したいパッケージを指定する必要があります。ここではrangerパッケージを指定しました。

最後に、set_mode()関数で、予測タスクが回帰問題か分類問題かを指定します。今回は回帰問題なので、mode = "regression"とします。

```
# モデルの作成
# scikit-learnのデフォルトではmtryは特徴量の数と同じなので13にする
model <- rand_forest(trees = 100, min_n = 1, mtry = 13) %>%
  set_engine(engine = "ranger", seed = 42) %>%
  set_mode(mode = "regression")

model
```

```
Random Forest Model Specification (regression)

Main Arguments:
 mtry = 13
 trees = 100
 min_n = 1

Engine-Specific Arguments:
 seed = 42

Computational engine: ranger
```

　modelの中身を確認すると、きちんとハイパーパラメータが設定されていることが分かります。

A.3.3　モデルの学習と評価

　モデルが定義できたので、fit()関数で学習を行います。訓練データとしてdf_trainを指定しています。また、medv ~ . は目的変数として住宅価格の中央値medvを使い、その他すべてを特徴量としてモデルに入れることを意味しています。

```
# モデルの学習
model_trained <- model %>%
  fit(medv ~ ., data = df_train)

model_trained
```

```
parsnip model object

Fit time:  191ms
Ranger result

Call:
ranger::ranger(x = maybe_data_frame(x), y = y, mtry = min_cols(~13,        x),
num.trees = ~100, min.node.size = min_rows(~1, x), seed = ~42,        num.
threads = 1, verbose = FALSE)

Type:                            Regression
Number of trees:                 100
Sample size:                     404
Number of independent variables: 13
Mtry:                            13
Target node size:                1
Variable importance mode:        none
Splitrule:                       variance
OOB prediction error (MSE):      12.95997
R squared (OOB):                 0.8375315
```

モデルの学習が完了しました。学習後のモデルである model_trained の中身を見ると、学習前の model と比較して情報が追加されていることが見てとれます。

例えば、R squared (OOB) が約 0.84 となっています。これは Out-Of-Bags (OOB) のデータで評価した R^2 です。Random Forest はアンサンブル時の精度向上を目指して、ひとつひとつの決定木を学習する際に、学習データは毎回ランダムに復元抽出するという操作を行います。この際、学習に使われなかったデータが残るので、それを用いて予測精度を評価しています[*6]。

OOB データだけでなくテストデータでも予測精度を評価しておきましょう。まず、実測値と予測値を格納したデータフレームを作成します。次に、predict() 関数に学習済みモデル model_trained と予測したいデータを与えます。予測値はデフォルトで .pred として保存されます。実測値はそのまま medv とします。

```
# テストデータに対する予測
df_result <- df_test %>%
  select(medv) %>%
  bind_cols(predict(model_trained, df_test))

# 結果を確認
df_result %>%
  head()


   medv  .pred
7  22.9 19.888
8  27.1 17.134
13 21.7 19.576
15 18.2 19.664
18 17.5 18.373
19 20.2 18.275
```

[* 6]　Random Forest はアンサンブル時の精度向上を目指して、ひとつひとつの決定木を学習する際に、学習データは毎回ランダムに復元抽出するという操作を行います。この際、学習に使われなかったデータが残るので、それを用いて予測精度を評価したものが OOB での予測精度となります。Random Forest のアルゴリズムの詳細は、Hastie, Tibshirani and Friedman(2009) をご確認ください。

　metrics()関数を用いると、テストデータでの予測精度を確認できます。まず、metric_set()関数に利用したい予測精度の評価関数を与えます。2.3節に合わせて、RMSE（rmse）と R^2（rsq）とします。2種類の予測精度をまとめて計算する関数evaluate_result()が作成できるので、これを用いて予測精度を確認します。

```
# 評価関数を作成
evaluate_result <- metric_set(rmse, rsq)

# 予測精度を評価
df_result %>%
  evaluate_result(medv, .pred)
```

```
# A tibble: 2 x 3
  .metric .estimator .estimate
  <chr>   <chr>          <dbl>
1 rmse    standard        2.76
2 rsq     standard       0.934
```

　RMSEは約2.76、 R^2 約0.93となりました。2.3節の予測精度（RMSEが2.81、 R^2 が0.89）より高い値が出ています。ボストンの住宅価格データセットはインスタンスの数が500程度ということもあり、訓練データとテストデータの分割のされ方によって予測精度に多少ばらつきが生じています[7]。

　以上のように、本節では、**tidymodels**を用いて機械学習モデルを構築し、予測精度を評価できました。次節では**DALEX**を用いて機械学習モデルを解釈していきます。

A.4　DALEXによる 機械学習モデルの解釈

　それでは、**DALEX**を用いて機械学習モデルを解釈していきます。DALEXでは、まずexplain()関数を用いてexplainerオブジェクトを作

＊7　訓練データとテストデータの分割による予測精度のばらつきを安定させる手法として、Cross Validation が知られています。Cross Validation の解説は門脇他 (2019) を、tidymodels を用いた実装は Uryu(2020) をご確認ください。

成します。dataにはテストデータの特徴量を、yにはテストデータの目的
変数を与えます。labelはオプションの引数で、モデルに名前を付けるこ
とができます。可視化の際にこの名前が表示されるので、ここでは
"Random Forest" という名前を付けておきます。

```
# explainerの作成
explainer <- model_trained %>%
  explain(
    data = df_test %>% select(-medv), # medv以外
    y = df_test %>% pull(medv), # medvだけ
    label = "Random Forest"
  )
```

```
Preparation of a new explainer is initiated
 -> model label      :  Random Forest
 -> data             :  102  rows  13  cols
 -> target variable  :  102  values
 -> predict function :  yhat.model_fit  will be used ( [33m default [39m )
 -> predicted values :  No value for predict function target column. ( [33m
default [39m )
 -> model_info       :  package parsnip , ver. 0.1.5 , task regression ( [33m
default [39m )
 -> predicted values :  numerical, min =  8.554 , mean =  22.85839 , max =  48.064
 -> residual function :  difference between y and yhat ( [33m default [39m )
 -> residuals        :  numerical, min =  -7.309 , mean =  0.5416078 , max =
9.966
[32m A new explainer has been created! [39m
```

explainerオブジェクトが作成できました。explainerオブジェクトに
各種関数を適用していくことで、機械学習モデルを解釈できます。本書で
解説した各手法に対する関数名は以下です。

- PFI：model_parts()
- PD：model_profile()
- ICE：predict_profile()
- SHAP：predict_parts()

　関数名は{xxx}_{yyy}()という規則で統一されています。{xxx}の部分がmodelだとマクロな解釈手法になり(PFI, PD)、predictになっていると、インスタンスごとのミクロな解釈手法になります(ICE, SHAP)。また、{yyy}の部分がpartsだと特徴量の貢献度に関する解釈性(PFI, SHAP)、profileだと特徴量と予測値の関係に関する手法となっています(PD, ICE)。

　それでは、PFI, PD, ICE, SHAPの順に手法を適用し、機械学習モデルを解釈していきます。

A.4.1　PFIで特徴量の重要度を知る

　まずは、PFIで特徴量の重要度を確認します。PFIの計算には、作成したexplainerオブジェクトに対してmodel_parts()関数を使います。

- loss_function：精度評価指標。今回はRMSE(loss_root_mean_square)を指定
- B：シャッフルを行う回数。多いほど重要度の値が安定するが、計算時間も多くなる。今回は10を指定
- type：差分と比率のどちらで重要度を計算するかを指定。今回は差分("difference")。比率の場合は"ratio"を指定

```
# PFIを計算
pfi <- explainer %>%
  model_parts(
    loss_function = loss_root_mean_square,
    B = 10,
    type = "difference"
  )
```

plot()関数でPFIを可視化できます。

```
# 可視化
plot(pfi)
```

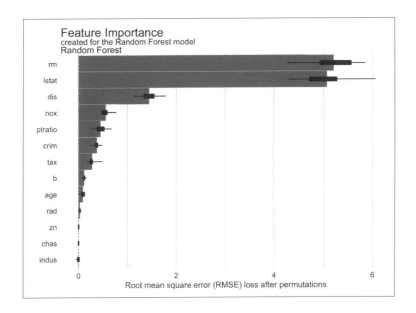

　横軸には重要度がとられており、縦軸には各特徴量が並んでいます。平均的な部屋の数rmの重要度が最も高く、貧困層の割合lstatがそれに続いていることが見てとれます。

　DALEXのPFIの可視化は棒グラフだけでなく箱ひげ図も同時に描画されます。PFIではシャッフルのたびに重要度がばらつきます。箱ひげ図を見ることで、シャッフルによるばらつきを確認できます。

A.4.2　PDで特徴量と予測値の平均的な関係を知る

　重要な特徴量を特定できたので、次はPDで特徴量と予測値の平均的な関係を探索しましょう。PDの計算にはmodel_profile()関数を使います。引数variablesにPDを計算したい特徴量を指定することでPDが計算できます。今回は、最も重要な特徴量である平均的な部屋の数rmを指定します。

```
# PDを計算
pd <- explainer %>%
```

```
model_profile(variables = "rm")

# 可視化
plot(pd)
```

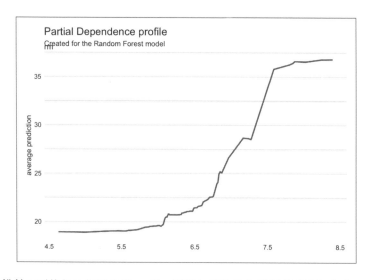

横軸に平均的な部屋の数rmが、縦軸に平均的な予測値（PD）がプロットされています。平均的な部屋の数rmが増えるほど、モデルの予測値が大きくなることが分かります。同時に、モデルの予測値に与える影響が非線形であることも見てとれます。単純に線形回帰モデルを利用した場合はこのような非線形性はとらえられないため、Random Forestのようなブラックボックスモデルを利用する利点がここで現れています。

なお、今回は利用していませんが、model_profile()関数の引数groupsでグループ化したい特徴量名を指定することで、5章で紹介したCPDを計算することもできます。

A.4.3　ICEで特徴量と予測値のインスタンスごとの関係を知る

PDで特徴量と予測値の平均的な関係を知ることができたので、さらにICEでインスタンスごとの関係を確認しておきましょう。ICEの計算には

predict_profile() 関数を使います。

- new_observation：ICEを計算したいインスタンスを指定。今回は全テストデータに対してICEを計算するため、df_testを渡す
- variables：ICEを計算したい特徴量を指定。今回はPDと同じく平均的な部屋の数rmに対してICEを計算する

```
# ICEを計算
ice <- explainer %>%
  predict_profile(
    new_observation = df_test,
    variables = "rm"
  )
# 可視化
plot(ice, variables = "rm")
```

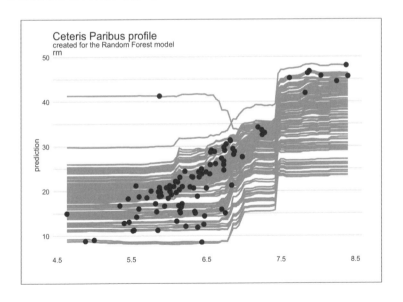

　横軸に平均的な部屋の数rmが、縦軸に予測値がとられています。1本の線が1つのインスタンスに対するICEを表していて、点はそのインスタンスの実際の特徴量の値とその予測値です。

　ほぼすべてのインスタンスでPDと同じく右上がりの関係が見てとれますが、1つだけ右下がりの関係になっているインスタンスが存在します。このインスタンスに注目し、より深い探索を行うことで、何か面白い関係が見れるかもしれません。

A.4.4　SHAPでインスタンスごとの予測の理由を知る

　最後に、SHAPを用いてインスタンスごとに特徴量の貢献度を確認します。SHAP値の計算にはpredict_parts()関数を利用します。

- new_observation：SHAPを計算したいインスタンスを指定。ここではインスタンス1を指定
- type："shap"を指定することでSHAP値を計算できる[8]
- B：順序の数を指定

　6章で実装したSHAPは、特徴量の値が分かったときの予測値に与える影響を考え得るすべての順番で計算し、それを平均していました。DALEXでは計算コストを抑えるために、すべての順序ではなくB個の順序に対して特徴量が予測値に与える影響を求め、その平均をとることで近似計算を行っています。今回は25回を指定しています。

```
# SAHPを計算
shap <- explainer %>%
  predict_parts(
    new_observation = df_test %>% slice(1), # インスタンス1を抜き出す
    type = "shap",
    B = 25
    )
# 可視化
plot(shap)
```

---

[8]　デフォルトは"break_down"になっています。この手法についての詳細はBiecek and Burzykowski(2021)を参照してください。

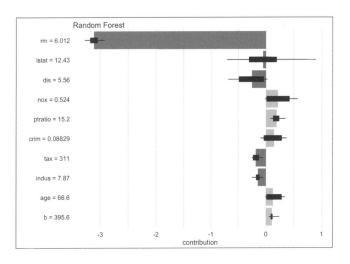

　横軸に貢献度をとり、縦軸には各特徴量が並んでいます。ランダムに選ばれたB通りの順序に対して特徴量が予測値に与える影響を計算し、その平均値を棒グラフ、分布を箱ひげ図で可視化しています。インスタンス1に対して最も貢献度が大きい特徴量は平均的な部屋の数rmです。また、rmが約6であることが予測値に与える影響は約−3であることが分かります。

A.5　まとめ

　本章では、Rユーザに向けて、tidymodelsを用いて機械学習モデルを構築し、DALEXを使って機械学習モデルを解釈する方法について紹介しました。tidymodelsとDALEXを利用することで、統一的なシンタックスでモデルの構築から解釈までをスムーズに行うことができます。

　tidymodels, DALEXともに、本章で紹介した機能は全体のごく一部です。例えば、tidymodelsでは特徴量のエンジニアリングやハイパーパラメータのチューニングも行うことができます。tidymodelsについて詳細を学びたい方は、tidymodelsの公式ドキュメントとUryu(2020)を参考にしてください。**DALEX**のより詳細な使い方を知りたい方はBiecek and Burzykowski(2021)を参照してください。

参考文献

- Hastie, Trevor, Robert Tibshirani, and Jerome Friedman. "The elements of statistical learning: data mining, inference, and prediction." Springer Science & Business Media (2009).
- 門脇大輔, 阪田隆司, 保坂桂佑, 平松雄司.「Kaggle で勝つデータ分析の技術」. 技術評論社. (2019).
- Biecek, Przemyslaw and Tomasz Burzykowski. "Explanatory Model Analysis." Chapman and Hall/CRC (2021). https://pbiecek.github.io/ema/.
- Wickham, Hadley, and Garrett Grolemund. "R for data science: import, tidy, transform, visualize, and model data." O'Reilly Media, Inc. (2016). https://r4ds.had.co.nz/index.html.
- Uryu, Shinya.「tidymodels で覚える R でのモデル構築と運用」. https://speakerdeck.com/s_uryu/tidymodels2020. (2020).

Rの環境

最後に、本分析を行ったRの環境の一部を記載します。

```
sessionInfo()
```

```
R version 4.0.4 (2021-02-15)
Platform: x86_64-apple-darwin17.0 (64-bit)
Running under: macOS Big Sur 10.16
Matrix products: default
BLAS:    /Library/Frameworks/R.framework/Versions/4.0/Resources/lib/libRblas.
dylib
LAPACK: /Library/Frameworks/R.framework/Versions/4.0/Resources/lib/libRlapack.
dylib
locale:
[1] ja_JP.UTF-8/ja_JP.UTF-8/ja_JP.UTF-8/C/ja_JP.UTF-8/ja_JP.UTF-8
attached base packages:
[1] stats     graphics  grDevices utils     datasets  methods   base
other attached packages:
[1] DALEX_2.2.0       yardstick_0.0.8   workflowsets_0.0.2 workflows_0.2.2
[5] tune_0.1.5        tidyr_1.1.3       tibble_3.1.1       rsample_0.1.0
[9] recipes_0.1.16    purrr_0.3.4      parsnip_0.1.5      modeldata_0.1.0
[13] infer_0.5.4       ggplot2_3.3.3    dplyr_1.0.6       dials_0.0.9
[17] scales_1.1.1      broom_0.7.6      tidymodels_0.1.3
```

付録 **B**

機械学習の解釈手法で
線形回帰モデルを解釈する

　本章では、線形回帰モデルをあえて機械学習の解釈手法を通して
解釈します。そもそも解釈性の高い線形回帰モデルをPFI, PD, ICE,
SHAPの4つの手法で解釈し、その解釈結果が線形回帰モデルが持つ
解釈性と整合的かどうかを理論とシミュレーションの両面から確か
めます。

B.1　なぜ機械学習の解釈手法で線形回帰モデルを解釈するのか

2章では線形回帰モデルを紹介し、線形回帰モデルが持つ4つの解釈性について言及しました。続く3章から6章では、4つの解釈性をブラックボックスモデルに与えるPFI, PD, ICE, SHAPという4つの解釈手法について解説しました。

本章では、PFI, PD, ICE, SHAPと線形回帰モデルの関係性について、理論とシミュレーションの両面から確認していきます。2章で述べたように、線形回帰モデルは高い解釈性を備えたホワイトボックスモデルであり、機械学習の解釈手法をあえて利用するまでもなくモデルの振る舞いを解釈できます。以降では「線形回帰モデルが元来備えている解釈」と「機械学習の解釈手法を通した解釈」が整合的であることを示し、機械学習の解釈手法がモデルに妥当な解釈を与えることを確認します[*1]。

B.1.1　線形回帰モデルの設定

本章では、J 個の特徴量 $(X_1, \ldots, X_J)$ を利用した線形回帰モデルを考えます。

$$Y = \beta_0 + \sum_{j=1}^{J} \beta_j X_j + \epsilon$$

表記を簡潔にするために、回帰係数 $\boldsymbol{\beta}$ と特徴量 $\mathbf{X}$ はインデックス0も含めて

$$\boldsymbol{\beta} = (\beta_0, \beta_1, \ldots, \beta_J)$$
$$\mathbf{X} = (1, X_1, \ldots, X_J)$$

を表すことにします。この表記を用いて、線形回帰モデルは以下のように

[*1]　「線形回帰モデルが元来備えている解釈」と「機械学習の解釈手法を通した解釈」という観点から解釈手法をとらえ直すことが本章の目的です。説明の都合上、本章で述べる内容は、本編ですでに解説している内容と一部重複しています。

書くことができます。

$$Y = \beta_0 + \sum_{j=1}^{J} \beta_j X_j + \epsilon$$
$$= \mathbf{X}^\top \boldsymbol{\beta} + \epsilon$$

本編では明示しませんでしたが、特徴量 $\mathbf{X}$ で条件付けたノイズ ϵ の期待値 $\mathbb{E}[\epsilon \mid \mathbf{X}]$ が 0 であること、$\mathbf{X}$ で条件付けたノイズ ϵ の分散 $\mathbb{E}[\epsilon^2 \mid \mathbf{X}]$ が有限であることを仮定します。これは線形回帰モデルを考える際に標準的に置かれる仮定です[*2]。

さらに、話を簡単にするために、学習済みの線形回帰モデル $\hat{f}(\mathbf{X}) = \mathbf{X}^\top \hat{\boldsymbol{\beta}}$ は、真のモデル $f(\mathbf{X}) = \mathbf{X}^\top \boldsymbol{\beta}$ を正しく学習できているとします。つまり、$\hat{\boldsymbol{\beta}} = \boldsymbol{\beta}$ とします。

B.1.2 シミュレーションの設定

線形回帰モデルの設定を受けて、以下の設定でシミュレーションデータを作成します。

$$Y = \alpha + \sum_{j=0}^{J-1} \beta_j X_j + \epsilon,$$
$$\alpha = 1,$$
$$X_j \sim \mathcal{N}(0, 1),$$
$$\beta_j \sim \mathrm{Uniform}(0, 1),$$
$$\epsilon \sim \mathcal{N}(0, \ 0.01)$$

ここで、X_j は互いに独立に平均 0、分散 1 の標準正規分布から生成します。回帰係数 β_j は互いに独立に区間 $[0, 1]$ の一様分布から生成します。ノイズは平均 0、分散 0.01 の正規分布から生成します。切片 α は 1 としました。また、Python ではインデックスが 0 から始まるので、整合性のために特徴量 X_j も $j = 0$ から添え字を始めていることに注意してください。

[*2] これらの仮定の実質的な意味を含めた線形回帰モデルの詳細については Hansen(2021) をご確認ください。

　それでは、上記設定からシミュレーションデータを作成します。まずは本章を通して利用する関数を読み込みます。

```python
import sys
import warnings
from dataclasses import dataclass
from typing import Any  # 型ヒント用
from __future__ import annotations  # 型ヒント用

import numpy as np
import pandas as pd
import matplotlib.pyplot as plt
import seaborn as sns
import japanize_matplotlib  # matplotlibの日本語表示対応

# 自作モジュール
sys.path.append("..")
from mli.visualize import get_visualization_setting

np.random.seed(42)
pd.options.display.float_format = "{:.2f}".format
sns.set(**get_visualization_setting())
warnings.simplefilter("ignore")  # warningsを非表示に
```

　具体的に、特徴量の数 $J = 50$ 、インスタンスの数 $N = 10000$ として、シミュレーションデータを作成します。

```python
def generate_simulation_data(N=10000, J=50):
    """シミュレーションデータを生成する"""

    alpha = 1
    beta = np.random.uniform(0, 1, J)
    X = np.random.multivariate_normal(np.zeros(J), np.eye(J), N)
    epsilon = np.random.normal(0, 0.1, N)

    # 線形和で目的変数を作成
    y = alpha + X @ beta + epsilon

    return X, y, beta
```

```
# シミュレーションデータの生成
X, y, beta = generate_simulation_data()
```

B.1.3　線形回帰モデルの学習

　線形回帰モデルを用いて学習を行います。本章では、予測精度を精緻に確認したいわけではなく、線形回帰モデルに機械学習の解釈手法を用いた際の振る舞いに焦点を当てたいので、単純化のために全データを用いて訓練し、解釈手法の適用も同様に全データを用います。

```
from sklearn.linear_model import LinearRegression
```

```
# 線形回帰モデルの学習
lm = LinearRegression().fit(X, y)
```

　実際の回帰係数をデータから推定できているかを確認するため、実際の回帰係数 β_j と推定された回帰係数 $\hat{\beta}_j$ の散布図を作成します。

```
def plot_scatter(
    x, y, intercept=0, slope=1, xlabel=None, ylabel=None, title=None
):
    """散布図を作成"""

    # 散布図上にy = intercept + slope * xの直線を引くため
    xx = np.linspace(x.min(), x.max())
    yy = intercept + slope * xx

    fig, ax = plt.subplots()
    sns.lineplot(xx, yy, ax=ax)  # 直線
    sns.scatterplot(x, y, zorder=2, alpha=0.8, ax=ax)  # 散布図
    ax.set(xlabel=xlabel, ylabel=ylabel)
    fig.suptitle(title)
```

```
    fig.show()
```

```
# 可視化
# intercept=0, slope=1なので、直線はy=xが表示される
plot_scatter(lm.coef_, beta, xlabel="回帰係数（推定）", ylabel="回帰係数（
真値）")
```

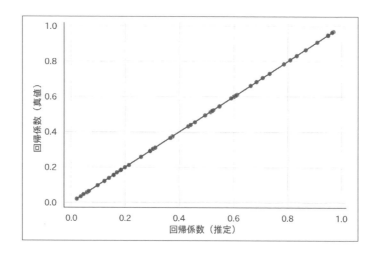

　実際の回帰係数と推定された回帰係数が $y = x$ の直線上に乗っており、この線形回帰モデルは実際の回帰係数をうまく推定できていることが分かります。次節からは、この学習済み線形回帰モデルに機械学習の解釈手法を適用します。

B.2　線形回帰モデルとPFIの関係

　本節では、学習済み線形回帰モデルに3章で解説したPFIを適用します。PFIは特徴量の値をシャッフルしたときの予測精度がどの程度悪化するかをもって特徴量の重要度を測定する手法でした。
　一方で、線形回帰モデルでは、回帰係数の大きさが特徴量の重要度を表

していました。つまり、より大きい回帰係数を持つ特徴量がモデルにとっ
てより重要だと考えることもできました。

　以降では、線形回帰モデルの回帰係数の大きさと、シャッフルによる予
測精度の悪化で定義した重要度の関係を確認していきます。

B.2.1　シミュレーションによる比較

　まずはシミュレーションデータからPFIを計算してみましょう。PFIの計
算にはscikit-learnのinspectionモジュールに実装されているpermutation_
importance()関数を利用します。ただし、3章では精度評価の指標として
RMSEを利用していましたが、本節では平方根をとらずにMSE（平均二乗
誤差）を利用します。MSEで予測精度を評価する理由は後述します。
scoring="neg_mean_squared_error"を指定することで、精度評価指標が
MSEのPFIを計算できます。シャッフルによるPFIの値のばらつきをでき
るだけ安定させたいので、n_repeatsは50を指定しておきます。

```
from sklearn.inspection import permutation_importance


# PFIを計算
pfi = permutation_importance(
    estimator=lm, X=X, y=y, scoring="neg_mean_squared_error", n_repeats=50
)["importances_mean"]
```

　PFIが計算できたので、回帰係数と特徴量重要度の関係を可視化しま
す。

```
# 線形回帰モデルの回帰係数とPFIの関係を可視化
plot_scatter(lm.coef_, pfi, xlabel="回帰係数（推定）", ylabel="特徴量重要度")
```

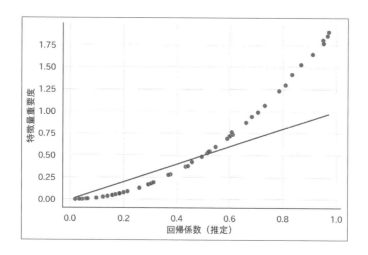

　直線上には乗っていませんが、線形回帰モデルの回帰係数とPFIで計算した特徴量の重要度には、回帰係数が大きくなるほど特徴量重要度も大きくなるという一定の関係が見られます。

　後ほど数式を用いて確認しますが、特徴量 X_j の重要度 PFI_j と線形回帰モデルの回帰係数 $\hat{\beta}_j$ には、いくつかの条件の下で

$$\text{PFI}_j = 2\text{Var}\,[X_j]\,\hat{\beta}_j^2$$

という関係があることが知られています[*3]。今回のシミュレーションでは、特徴量 X_j は平均0、分散1の標準正規分布から生成されているので、$\text{Var}\,[X_j] = 1$ です。よって、以下の関係が成り立ちます。

$$\text{PFI}_j = 2\hat{\beta}_j^2$$

さらに、β_j を左辺に持ってきて整理すると、

$$\hat{\beta}_j = \sqrt{\frac{\text{PFI}_j}{2}}$$

となります。

[*3] Gregorutti, Michel and Saint-Pierre(2017) をご確認ください。

　実際、回帰係数と上記変換を行った特徴量の重要度を可視化すると、直線上に乗ることが見てとれます。

```
# 特徴量重要度を変換して可視化
plot_scatter(
    lm.coef_,
    np.sqrt(pfi / 2),
    xlabel="回帰係数（推定）",
    ylabel="特徴量重要度（変換済み）"
)
```

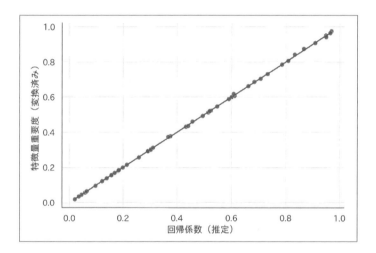

　ひとつひとつの点はほぼ $y = x$ の直線上に乗っており、線形回帰モデルの回帰係数が大きいほどPFIの値も大きくなることが分かります。この意味で、PFIは線形回帰モデルに対して妥当な解釈性を与えていると言えます。

B.2.2　数式による比較

　特徴量の値のシャッフルによって予測精度がどの程度悪化するかをもって特徴量の重要度とするのがPFIの考え方でした。MSEを予測精度の評価指標とすると、シャッフルありとシャッフルなしの場合でMSEを比較することで特徴量の重要度を計算できます。なお、以降の結果は評価指標

をMSEにした場合のみ成り立ちます。

　分析からシャッフルによるランダム性の影響を取り除くために、MSEの期待値を考えます。まず、シャッフルを行わない場合のMSEの期待値は以下で表現できます。

$$\mathbb{E}\left[\left(Y - \mathbf{X}^\top \hat{\boldsymbol{\beta}}\right)^2\right]$$

　次に、特徴量 X_j の値をシャッフルした場合のMSEの期待値を考えます。特徴量 X_j の値をシャッフルした特徴量を $X_{j'}$ とします。なお、特徴量 $X_{j'}$ は実測値ではなく確率変数なので、シャッフルというよりは、特徴量 X_j と同じ確率分布から特徴量 X_j とは独立にもう一度生成されたと考えますが、ここでは便宜上シャッフルと表現しています。

　このとき、特徴量 X_j の値をシャッフルした場合のMSEの期待値は

$$\mathbb{E}\left[\left(Y - \mathbf{X}_{j'}^\top \hat{\boldsymbol{\beta}}\right)^2\right]$$

となります。ここで、$\mathbf{X}_{j'} = (X_1, \ldots, X_{j-1}, X_{j'}, X_{j+1}, \ldots, X_J)$ は、その他の特徴量の値は固定して、特徴量 X_j の値のみをシャッフルしたベクトルです。

　よって、両者の差分が特徴量 X_j のPFIとなります。

$$\mathrm{PFI}_j = \mathbb{E}\left[\left(Y - \mathbf{X}_{j'}^\top \hat{\boldsymbol{\beta}}\right)^2\right] - \mathbb{E}\left[\left(Y - \mathbf{X}^\top \hat{\boldsymbol{\beta}}\right)^2\right]$$

ここから、PFIの計算式を変形していきます。

$$
\begin{aligned}
\mathrm{PFI}_j &= \mathbb{E}\left[\left(Y - \mathbf{X}_{j'}^\top \hat{\boldsymbol{\beta}}\right)^2\right] - \mathbb{E}\left[\left(Y - \mathbf{X}^\top \hat{\boldsymbol{\beta}}\right)^2\right] \\
&= \mathbb{E}\left[\left(\left(Y - \mathbf{X}^\top \hat{\boldsymbol{\beta}}\right) + \left(\mathbf{X}^\top \hat{\boldsymbol{\beta}} - \mathbf{X}_{j'}^\top \hat{\boldsymbol{\beta}}\right)\right)^2\right] - \mathbb{E}\left[\left(Y - \mathbf{X}^\top \hat{\boldsymbol{\beta}}\right)^2\right]
\end{aligned}
$$

右辺第一項の変形において、$\mathbf{X}^\top \hat{\boldsymbol{\beta}}$ を引いてから同じ $\mathbf{X}^\top \hat{\boldsymbol{\beta}}$ を足しているので、合計は同じです。

ここで、線形回帰モデルの設定から、$Y - \mathbf{X}^\top \hat{\boldsymbol{\beta}} = Y - \mathbf{X}^\top \boldsymbol{\beta} = \epsilon$ なので、

$$
\begin{aligned}
\mathrm{PFI}_j &= \mathbb{E}\left[\left(\epsilon + \left(\mathbf{X}^\top \hat{\boldsymbol{\beta}} - \mathbf{X}_{j'}^\top \hat{\boldsymbol{\beta}}\right)\right)^2\right] - \mathbb{E}\left[\epsilon^2\right] \\
&= \mathbb{E}\left[\epsilon^2\right] + 2\mathbb{E}\left[\epsilon\left(\mathbf{X}^\top \hat{\boldsymbol{\beta}} - \mathbf{X}_{j'}^\top \hat{\boldsymbol{\beta}}\right)\right] + \mathbb{E}\left[\left(\mathbf{X}^\top \hat{\boldsymbol{\beta}} - \mathbf{X}_{j'}^\top \hat{\boldsymbol{\beta}}\right)^2\right] - \mathbb{E}\left[\epsilon^2\right] \\
&= 2\mathbb{E}\left[\epsilon\left(\mathbf{X}^\top \hat{\boldsymbol{\beta}} - \mathbf{X}_{j'}^\top \hat{\boldsymbol{\beta}}\right)\right] + \mathbb{E}\left[\left(\mathbf{X}^\top \hat{\boldsymbol{\beta}} - \mathbf{X}_{j'}^\top \hat{\boldsymbol{\beta}}\right)^2\right]
\end{aligned}
$$

となることが分かります。

上式の右辺第一項は、

$$
\begin{aligned}
2\mathbb{E}\left[\epsilon\left(\mathbf{X}^\top \hat{\boldsymbol{\beta}} - \mathbf{X}_{j'}^\top \hat{\boldsymbol{\beta}}\right)\right] &= 2\mathbb{E}\left[\mathbb{E}\left[\epsilon\left(\mathbf{X}^\top \hat{\boldsymbol{\beta}} - \mathbf{X}_{j'}^\top \hat{\boldsymbol{\beta}}\right) \mid \mathbf{X}\right]\right] \\
&= 2\mathbb{E}\left[\mathbb{E}\left[\epsilon \mid \mathbf{X}\right]\left(\mathbf{X}^\top \hat{\boldsymbol{\beta}} - \mathbf{X}_{j'}^\top \hat{\boldsymbol{\beta}}\right)\right] \\
&= 2\mathbb{E}\left[0\left(\mathbf{X}^\top \hat{\boldsymbol{\beta}} - \mathbf{X}_{j'}^\top \hat{\boldsymbol{\beta}}\right)\right] \\
&= 0
\end{aligned}
$$

より、0であることが分かります。ここで、一段目の式変形には、確率変数 (X, Y) に関して $\mathbb{E}[X|Y] = X$ が成り立つこと[*4]を利用しています。また、三段目の式変形には、$\mathbb{E}[\epsilon \mid X] = 0$ の仮定を利用しています。

さらに、右辺の第二項は、$\mathbf{X}$ と $\mathbf{X}_{j'}$ は j 番目の特徴量以外は同一であることを利用すると、

$$
\begin{aligned}
\mathbb{E}\left[\left(\mathbf{X}^\top \hat{\boldsymbol{\beta}} - \mathbf{X}_{j'}^\top \hat{\boldsymbol{\beta}}\right)^2\right] &= \mathbb{E}\left[\left((\mathbf{X} - \mathbf{X}_{j'})^\top \hat{\boldsymbol{\beta}}\right)^2\right] \\
&= \mathbb{E}\left[(X_1 - X_1)^2 \hat{\beta}_1^2\right] + \cdots + \mathbb{E}\left[(X_{j-1} - X_{j-1})^2 \hat{\beta}_{j-1}^2\right] \\
&\quad + \mathbb{E}\left[(X_j - X_{j'})^2 \hat{\beta}_j^2\right] \\
&\quad + \mathbb{E}\left[(X_{j+1} - X_{j+1})^2 \hat{\beta}_{j+1}^2\right] + \cdots + \mathbb{E}\left[(X_J - X_J)^2 \hat{\beta}_J^2\right] \\
&= \mathbb{E}\left[(X_j - X_{j'})^2 \hat{\beta}_j^2\right] \\
&= \mathbb{E}\left[(X_j - X_{j'})^2\right] \hat{\beta}_j^2
\end{aligned}
$$

と変形できます。よって、特徴量 X_j の PFI は

[*4] $\mathbb{E}[\mathbb{E}[X|Y]] = \mathbb{E}[X]$ のように、Y で条件付けた X の条件付き期待値の期待値は、単に X の期待値になります。この法則は law of iterated expectation と呼ばれており、覚えておくと期待値を用いた式変形で役立ちます。

$$\mathrm{PFI}_j = \mathbb{E}\left[(X_j - X_{j'})^2\right]\hat{\beta}_j^2$$

というシンプルな形に変形できます。

さらに、$\mathbb{E}\left[(X_j - X_{j'})^2\right]$ に注目すると、

$$
\begin{aligned}
&\mathbb{E}\left[(X_j - X_{j'})^2\right] \\
&= \mathbb{E}\left[((X_j - \mathbb{E}[X_j]) - (X_{j'} - \mathbb{E}[X_j]))^2\right] \\
&= \mathbb{E}\left[(X_j - \mathbb{E}[X_j])^2\right] - 2\mathbb{E}\left[(X_j - \mathbb{E}[X_j])(X_{j'} - \mathbb{E}[X_j])\right] + \mathbb{E}\left[(X_{j'} - \mathbb{E}[X_j])^2\right] \\
&= \mathrm{Var}[X_j] - 2\mathrm{Cov}[X_j, X_{j'}] + \mathrm{Var}[X_{j'}] \\
&= 2\mathrm{Var}[X_j]
\end{aligned}
$$

となります。ここで、特徴量 $X_{j'}$ は、特徴量 X_j と同じ確率分布から特徴量 X_j とは独立にもう一度生成されているので、

$$\mathbb{E}[X_j] = \mathbb{E}[X_{j'}]$$
$$\mathrm{Var}[X_j] = \mathrm{Var}[X_{j'}]$$
$$\mathrm{Cov}[X_j, X_{j'}] = 0$$

であることを利用しています。

ここまでの結果をまとめると、特徴量 X_j のPFIは以下になります。

$$\mathrm{PFI}_j = 2\mathrm{Var}[X_j]\hat{\beta}_j^2$$

特に、本付録の設定では、$\mathrm{Var}[X_j] = 1$ なので、

$$\mathrm{PFI}_j = 2\hat{\beta}_j^2$$

が言えます。

なお、本章では特徴量の分散はすべて1と設定していますが、実データでは分散が1とは限りません。この場合、2.2節で紹介した特徴量の標準化を行うことで分散を1にすることができ、$\mathrm{PFI}_j = 2\hat{\beta}_j^2$ が成り立ちます。このように、すべての特徴量が標準化されている場合、線形回帰モデルの回帰係数が大きいほどPFIの値も大きくなります。「回帰係数の大きさ」と「シャッフルによる予測精度の悪化」という一見異なる定義を用いて重

要度を測定しているにも関わらず、驚くべきことに両者の重要度は一対一
に対応します。これは興味深い結果であり、PFI が（少なくとも線形回帰
モデルに対しては）妥当な解釈を与えていることが分かります。

B.3 線形回帰モデルとPDの関係

B.3.1 数式による比較

続いて、線形回帰モデルに PD を適用したときの振る舞いを確認しましょう。
PD は特徴量とモデルの予測値の平均的な振る舞いが解釈できる手法でした。

一方で、線形回帰モデルはそもそも回帰係数を見ることで、特徴量とモ
デルの予測値の平均的な振る舞いを知ることができました。例えば、学習
済みの線形回帰モデル

$$\hat{f}(\mathbf{X}) = \hat{\beta}_0 + \hat{\beta}_1 X_1 + \cdots + \hat{\beta}_j X_j + \cdots + \hat{\beta}_J X_J$$

において、特徴量 X_j の値が 1 単位大きくなると、予測値は $\hat{\beta}_j$ だけ大きく
なります。このことは上式を X_j で偏微分した結果からも確認できます。

$$\frac{\partial \hat{f}(\mathbf{X})}{\partial X_j} = \hat{\beta}_j$$

次に、上記の学習済み線形モデルに PD を適用します。PD では、興味
のある特徴量 X_j 以外の特徴量に関しては期待値をとることで、特徴量
X_j とモデルの予測値の関係のみに焦点を当てます。

$$\mathrm{PD}_j(x_j)$$
$$= \mathbb{E}\left[\hat{f}\left(x_j, \mathbf{X}_{\setminus j}\right)\right]$$
$$= \mathbb{E}\left[\hat{\beta}_0 + \hat{\beta}_1 X_1 + \cdots + \hat{\beta}_{j-1} X_{j-1} + \hat{\beta}_j x_j + \hat{\beta}_{j+1} X_{j+1} + \cdots + \hat{\beta}_J X_J\right]$$
$$= \underbrace{\left(\hat{\beta}_0 + \sum_{k \neq j} \hat{\beta}_k \mathbb{E}[X_k]\right)}_{切片} + \underbrace{\hat{\beta}_j}_{傾き} x_j$$

線形モデルを PD で解釈すると、特徴量 X_j の値が1単位大きくなると
モデルの平均的な予測値が $\hat{\beta}_j$ だけ大きくなることが分かります。これは
線形回帰モデルの回帰係数を解釈と一致しており、PD は線形回帰モデル
に妥当な解釈を与えていると言えます。

B.3.2　シミュレーションによる比較

PD の妥当性が理論面から確認できたので、次はシミュレーションデー
タを学習した線形回帰モデルに PD を適用し、実際の振る舞いも確認して
おきましょう。

PD の計算には scikit-learn の inspection モジュールに実装されている
partial_dependence() 関数を利用します。kind="average" を指定するこ
とで PD を計算できます。ここでは特徴量 X_0 に対する PD を計算します。

```
from sklearn.inspection import partial_dependence


# 特徴量X0に対するPDを計算
j = 0  # 特徴量のインデックス
pdp = partial_dependence(estimator=lm, X=X, features=[j], kind="average")
```

計算された特徴量 X_0 に対する PD の傾きが、実際に線形回帰モデルの
回帰係数 $\hat{\beta}_0$ と一致しているかを確認します。

```
# 回帰係数を確認
print(f"特徴量X{j}の回帰係数：{lm.coef_[j]:.2f}")
```

```
特徴量X0の回帰係数：0.38
```

推定された回帰係数 $\hat{\beta}_0$ は 0.38 です。

特徴量 X_0 に対する PD の理論値を、今回のシミュレーションデータか
ら推定するために書き直すと以下になります。

$$\widehat{\mathrm{PD}}_0(x_0) = \underbrace{\left(\hat{\alpha} + \sum_{k \neq 0} \hat{\beta}_k \left(\frac{1}{N} \sum_{i=1}^{N} x_{i,k} \right) \right)}_{切片} + \underbrace{\hat{\beta}_0}_{傾き} x_0$$

　傾きは lm.coef から特徴量 X_0 の部分を取り出します。一方で、切片部分は X と lm.coef_ から特徴量 X_0 以外の要素を取り出して計算する必要があります。特徴量 X_0 以外の要素を取り出すために、np.delete() 関数を利用します。

```
# 特徴量X0以外の要素を取り出し
X_wo_j = np.delete(X, [j], axis=1)
beta_wo_j = np.delete(lm.coef_, [j])

# 切片部分を計算
intercept_j = lm.intercept_ + X_wo_j.mean(axis=0) @ beta_wo_j
```

　準備が整ったので、PD を可視化してみましょう。

```
# PDを可視化
plot_scatter(
    pdp["values"][0],
    pdp["average"][0],
    intercept=intercept_j,  # 計算したPDの切片
    slope=lm.coef_[j],  # 傾き
    xlabel=f"X{j}",
    ylabel="平均的な予測値（PD）",
)
```

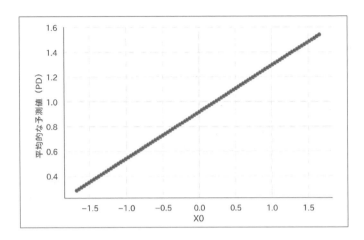

　ひとつひとつの点はPDを表していて、特徴量 X_0 を変化させた際の平均的な予測値になります。PDの点は傾き $\hat{\beta}_0 = 0.38$ の直線上に乗っており、PDによるモデルの解釈は線形回帰モデルが元来備えている解釈と整合的であることが見て取れます。

B.4　線形回帰モデルとICEの関係

B.4.1　数式による比較

　PDに続いて、線形回帰モデルにICEを適用した場合の解釈を確認します。PDでは特徴量とモデルの予測値の平均的な関係を見ていましたが、ICEは特定インスタンスに注目する手法でした。

　線形回帰モデルに関して、インスタンス i の特徴量 X_j に関するICEは以下で表現できます。

$$\mathrm{ICE}_{i,j}(x_j)$$
$$= \hat{\beta}_0 + \hat{\beta}_1 x_{i,1} + \cdots + \hat{\beta}_{j-1} x_{i,j-1} + \hat{\beta}_j x_j + \hat{\beta}_{j+1} x_{i,j+1} + \cdots + \hat{\beta}_J x_{i,J}$$
$$= \underbrace{\left(\hat{\beta}_0 + \sum_{k \neq j} \hat{\beta}_k x_{i,k} \right)}_{\text{切片}} + \underbrace{\hat{\beta}_j}_{\text{傾き}} x_j$$

線形回帰モデルに PD を適用した場合は

$$\mathrm{PD}_j(x_j) = \underbrace{\left(\hat{\beta}_0 + \sum_{k \neq j} \hat{\beta}_k \mathbb{E}\left[X_k \right] \right)}_{\text{切片}} + \underbrace{\hat{\beta}_j}_{\text{傾き}} x_j$$

だったことを思い出すと、差分は切片部分のみになります。PD では切片の計算に全インスタンスの平均値が用いられていましたが、ICE ではインスタンス i の実測値のみが用いられています。

線形モデルを ICE で解釈すると、特徴量 X_j の値が1単位大きくなるとモデルの平均的な予測値が $\hat{\beta}_j$ だけ大きくなることが分かります。よって、PD と同様に ICE も線形回帰モデルに妥当な解釈を与えていると言えます。

B.4.2　シミュレーションによる比較

シミュレーションデータを用いて線形回帰モデルに ICE を適用した場合の振る舞いを確認します。ICE の計算には、scikit-learn の inspection モジュールに実装されている partial_dependence() 関数で、kind="individual" を指定します。

インスタンス 0 の特徴量 X_0 に対して ICE を計算します。

```
# インスタンス0の特徴量X0に対してICEを計算
i = 0  # インスタンスのインデックス
j = 0  # 特徴量のインデックス

ice = partial_dependence(estimator=lm, X=X, features=[j], kind="individual")
```

インスタンス i の特徴量 X_0 に対する ICE の理論値を、今回のシミュレーションデータから推定するために書き直すと以下になります。

$$\widehat{\mathrm{ICE}}_{i,0}(x_0) = \underbrace{\left(\hat{\alpha} + \sum_{k \neq 0} \hat{\beta}_k x_{i,k} \right)}_{\text{切片}} + \underbrace{\hat{\beta}_0}_{\text{傾き}} x_0$$

　PDの処理と同じく、X と lm.coef_ から特徴量 X_0 以外の要素を取り出して計算します。

```
# 特徴量X0以外の要素を取り出し
X_wo_j = np.delete(X, [j], axis=1)
beta_wo_j = np.delete(lm.coef_, [j])

# 切片部分を計算
intercept_ij = lm.intercept_ + X_wo_j[i] @ beta_wo_j
```

　線形回帰モデルの回帰係数から計算したICEの理論値が準備できたので、これと実際のICEを比較します。

```
# ICEを可視化
plot_scatter(
    ice["values"][0],
    ice["individual"][i][j],
    intercept=intercept_ij,
    slope=lm.coef_[j],
    xlabel=f"X{j}",
    ylabel=f"インスタンス{i}に対する予測値（ICE）"
)
```

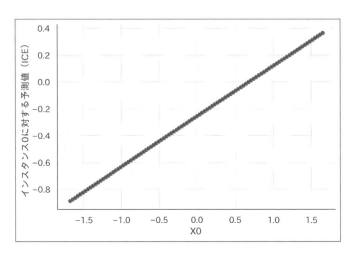

　ひとつひとつの点は ICE を表しています。インスタンス 0 に関して、特徴量 X_0 の値を変化させたときの予測値がプロットされています。ICE の点は傾き $\hat{\beta}_0 = 0.38$ の直線上に乗っています。よって、ICE によるモデルの解釈は線形回帰モデルが元来備えている解釈と整合的であることがシミュレーション結果からも見てとれます。

B.5 　線形回帰モデルと SHAP の関係

B.5.1　数式による比較

　最後に、線形回帰モデルに SHAP を適用した場合の振る舞いを確認します。インスタンス i の予測値 $\hat{f}(\mathbf{x}_i)$ とベースラインである予測の期待値 $\mathbb{E}\left[\hat{f}(\mathbf{X})\right]$ の差分を、各特徴量の貢献度 $\phi_{i,j}$ に分解する手法が SHAP でした。一方で、線形回帰モデルは SHAP の考え方を利用しなくても、予測値を特徴量の貢献度に分解できます。

　まず、線形回帰モデルにおける予測の期待値は

$$
\begin{aligned}
\mathbb{E}\left[\hat{f}(\mathbf{X})\right] &= \mathbb{E}\left[\hat{\beta}_0 + \sum_{j=1}^{J} \hat{\beta}_j X_j\right] \\
&= \hat{\beta}_0 + \sum_{j=1}^{J} \hat{\beta}_j \mathbb{E}[X_j]
\end{aligned}
$$

であり、これとインスタンス i の予測値 $\hat{f}(\mathbf{x}_i)$ の差分は次のように分解できます。

$$
\begin{aligned}
\hat{f}(\mathbf{x}_i) - \mathbb{E}\left[\hat{f}(\mathbf{X})\right] &= \left(\hat{\beta}_0 + \sum_{j=1}^{J} \hat{\beta}_j x_{i,j}\right) - \left(\hat{\beta}_0 + \sum_{j=1}^{J} \hat{\beta}_j \mathbb{E}[X_j]\right) \\
&= \sum_{j=1}^{J} \underbrace{\hat{\beta}_j \left(x_{i,j} - \mathbb{E}[X_j]\right)}_{=\phi_{i,j}}
\end{aligned}
$$

　よって、線形回帰モデルにおいてインスタンス i の予測値に対する特徴量 j の貢献度 $\phi_{i,j}$ は

$$\phi_{i,j} = (x_{i,j} - \mathbb{E}\,[X_j])\,\hat{\beta}_j$$

となることが分かります。

　次に、SHAP による予測値の分解を考えます。特徴量の数が多いと具体的に SHAP 値を考えることが難しいので、特徴量が (X_1, X_2) の 2 つの場合を考えます。このとき SHAP では、特徴量 X_1 の貢献度を、特徴量 X_1 の値が分かったことの予測値の変化をすべての順番で平均して計算して求めます。

$$\phi_{i,1} = \frac{1}{2} \underbrace{\left(\mathbb{E}\left[\hat{f}\,(x_{i,1}, X_2)\right] - \mathbb{E}\left[\hat{f}\,(X_1, X_2)\right] \right)}_{X_1 \to X_2 \text{の順に分かった場合の予測値の変化}}$$
$$+ \frac{1}{2} \underbrace{\left(\hat{f}\,(x_{i,1}, x_{i,2}) - \mathbb{E}\left[\hat{f}\,(X_1, x_{i,2})\right] \right)}_{X_2 \to X_1 \text{の順に分かった場合の予測値の変化}}$$

　学習済みの線形回帰モデルを

$$\hat{f}(X_1, X_2) = \hat{\beta}_0 + \hat{\beta}_1 X_1 + \hat{\beta}_2 X_2$$

とすると、SHAP による貢献度 $\phi_{i,1}$ は

$$\phi_{i,1} = \frac{1}{2} \left(\left(\hat{\beta}_0 + \hat{\beta}_1 x_{i,1} + \hat{\beta}_2 \mathbb{E}\,[X_2] \right) - \left(\hat{\beta}_0 + \hat{\beta}_1 \mathbb{E}\,[X_1] + \hat{\beta}_2 \mathbb{E}\,[X_2] \right) \right)$$
$$+ \frac{1}{2} \left(\left(\hat{\beta}_0 + \hat{\beta}_1 x_{i,1} + \hat{\beta}_2 x_{i,2} \right) - \left(\hat{\beta}_0 + \hat{\beta}_1 \mathbb{E}\,[X_1] + \hat{\beta}_2 x_{i,2} \right) \right)$$
$$= (x_{i,1} - \mathbb{E}\,[X_1])\,\hat{\beta}_1$$

となります。これは、SHAP のアルゴリズムとは関係なく計算した線形回帰モデルの貢献度と一致します。この意味で、線形回帰モデルにおいて、SHAP は妥当な解釈を与えていると言えます。

B.5.2　シミュレーションによる比較

　線形回帰モデルに SHAP を適用した際の振る舞いをシミュレーション

データからも確認しましょう。特徴量の数が多いと SHAP の計算には時間がかかるので、シミュレーションデータを小さく作り直します。特徴量の数を減らして $J = 10$、インスタンスの数はそのまま $N = 10000$ として、シミュレーションデータを作成します。

```
# シミュレーションデータを小さく作り直す
X, y, beta = generate_simulation_data(N=10000, J=10)

# 線形回帰モデルの学習
lm = LinearRegression().fit(X, y)
```

SHAP 値の計算には shap パッケージの explainers モジュールに実装されている Exact クラスを利用します。Exact クラスは（近似ではない）正確な SHAP 値を計算しますが、計算には時間がかかります。計算時間を短縮するため、今回はインスタンス 0 に対してのみ SHAP 値を計算します。

実は、explainer を作成する際、masker に単純にデータ X を与えると、X から 100 個のインスタンスがランダムサンプリングされて SHAP 値の計算が行われます。今回は正確な SHAP 値が知りたいので、ランダムサンプリングを回避するために、shap.maskers.Independent を使って max_samples=10000 を指定しています。インスタンスの数よりも max_samples の値を大きくすることで、全データを使って SHAP 値を計算できます。

```
import shap

i = 0  # インスタンスのインデックス

# SHAPを計算するためのexplainerを作成
explainer = shap.explainers.Exact(
    model=lm.predict,
    masker=shap.maskers.Independent(data=X, max_samples=10000)
)

# インスタンス0に対してSHAPを計算
shap_values = explainer(X[[0], :])
```

SHAPを利用しない線形回帰モデルの貢献度は、以下をシミュレーションデータから計算することで求めます。

$$\hat{\phi}_{0,j} = \left(x_{0,j} - \left(\frac{1}{N} \sum_{i=1}^{N} x_{i,j} \right) \right) \hat{\beta}_j$$

```
# 線形回帰モデルの貢献度を計算
phi_ij = ((X - X.mean(axis=0)) * lm.coef_)
```

SHAPによる貢献度と、線形回帰モデルの分解による貢献度が計算できたので、両者を比較します。

```
# 可視化
plot_scatter(
    phi_ij[i],
    shap_values.values[i],
    xlabel="線形回帰モデルの分解による貢献度",
    ylabel="SHAPによる貢献度"
)
```

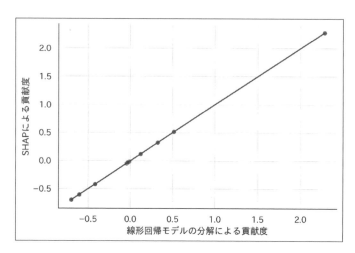

ひとつひとつの点が $y = x$ の直線上に乗っており、両者が一致していることが見てとれます。シミュレーションデータの結果からも、SHAPが線

形回帰モデルに対して妥当な解釈結果を与えていることが分かりました。

B.6 まとめ

　線形回帰モデルは解釈性の高いホワイトボックスモデルであり、機械学習の解釈手法なしでもモデルの振る舞いを解釈できます。本章では、線形回帰モデルにPFI, PD, ICE, SHAPの4つの機械学習の解釈手法をあえて適用しました。結果として、線形回帰モデルが元来備える解釈性と、これらの解釈手法が与える解釈性が整合的であることを、理論とシミュレーションの両面から確かめることができました。この結果から、（少なくとも線形回帰モデルに関しては）これら4つの解釈手法が予測モデルの振る舞いをうまく解釈できることを示していると言えるでしょう。

参考文献

- Gregorutti, Baptiste, Bertrand Michel, and Philippe Saint-Pierre. "Correlation and variable importance in random forests." Statistics and Computing 27.3 (2017): 659-678.
- Hansen, Bruce E. "Econometrics." (2021). https://www.ssc.wisc.edu/~bhansen/econometrics/.
- Molnar, Christoph. "Interpretable machine learning. A Guide for Making Black Box Models Explainable." (2019). https://christophm.github.io/interpretable-ml-book/.

おわりに

　本書では、機械学習の解釈手法のうち、実務において特に有用である PFI, PD, ICE, SHAP の 4 つの解釈手法について解説しました。本書でお伝えしたかったことは 2 点あります。

　1 点目は、機械学習の解釈手法はデータ分析者にとって非常に便利なツールであることです。解釈手法を通してモデルの振る舞いを理解することは、モデルの構築やモデルのデバッグなどエンジニアリングの観点で役立つだけでなく、ステークホルダーへの説明などビジネスの観点からも力を発揮します。

　2 点目は、機械学習の解釈手法には限界があることです。当然ですが、解釈手法は決して「万能薬」ではなく、できることとできないことがあります。本書では、解釈手法をうまく利用できるケースだけでなく、解釈に問題が生じるケースをできるだけ記載するようにしました。限界を把握しながら手法を利用することで、データ分析の信頼性を高めることができるでしょう。

　本書が、機械学習の解釈手法を実務で利用するきっかけとなり、ビジネス貢献につなげることの一助となれば幸いです。

謝 辞

　本書の執筆では多く方にお世話になりました。

　執筆経験のない無名の私に声をかけ、本書の完成までサポートを続けてくださった技術評論社の高屋卓也さん。出会いは 2019 年 12 月渋谷ヒカリエで行われた Japan.R の交流会でした。まさかこのような執筆のチャンスをいただけるとは思わず、大変嬉しかったことを覚えております。完成には一年半以上の時間がかかってしまいましたが、粘り強くご支援をいただいたこと、心より感謝しています。

　ご本業を抱えながらの忙しい日々にもかかわらず、快くレビューを引き受けてくださった加藤聡史さん。丁寧かつ的確な指摘や助言を数多くいただき、本書はより正確で分かりやすいものになりました。また、ビジネス

の現場におけるデータ分析をともに経験してきた長野克也さんと田邉将吾さんにも忌憚ない意見や有益な助言をいただきました。お二人のご提案は本書の至るところに盛り込まれています。

そして、私が執筆活動に取り組むことを快く受け入れてくださったTVISION INSIGHTS株式会社のみなさん。実務において機械学習モデルにどのような解釈性が求められるのかという感覚は、みなさんとの日々のコミュニケーションを通じて養われました。

最後に、本業の仕事と執筆活動の両立を励まし、支え続けてくれた妻の千尋に感謝します。

上記には挙げられなかった方にも多くの励ましやご助言をいただきました。この場を借りて厚く御礼申し上げます。ほんとうにありがとうございました。

2021年7月　森下光之助

索引

■ 著者プロフィール

森下光之助（Mitsunosuke Morishita）

東京大学大学院経済学研究科で計量経済学を用いた実証分析を学び、経済学修士号を取得。株式会社グリッドに入社し、機械学習を用いたデータ分析プロジェクトに従事。現在はTVISION INSIGHTS株式会社で執行役員兼データ・テクノロジー本部副本部長。テレビデータの分析、社内データの利活用の促進、データ部門のマネジメントを行っている。

- Twitter：@dropout009
- ブログ：https://dropout009.hatenablog.com/
- 登壇資料：https://speakerdeck.com/dropout009

■ 制作協力者プロフィール

加藤聡史（Satoshi Kato）

合同会社H.U.グループ中央研究所プロジェクトマネージャー
東北大学大学院生命科学研究科博士課程修了。2009年より龍谷大学の研究員、2011年より総合地球環境学研究所の研究員として生態学・環境科学の研究に従事。2013年にH.U.グループの富士レビオ株式会社に入社。2017年にグループ組織改編により現職にて、機械学習を用いた疾患の予測モデルや検査の推薦エンジンの研究開発などを担当する。本書のレビューを担当。

● カバーデザイン　　　　図工ファイブ
● 本文デザイン・DTP　　BUCH+
● 担当　　　　　　　　　高屋卓也
● 制作協力　　　　　　　加藤聡史

機械学習を解釈する技術

予測力と説明力を両立する実践テクニック

2021 年 8 月17日　初版　第 1 刷　発行
2023 年 6 月 9 日　初版　第 5 刷　発行

著　者　　　森下光之助

発行者　　　片岡 巌

発行所　　　株式会社技術評論社
　　　　　　東京都新宿区市谷左内町 21-13
　　　　　　電話　03-3513-6150　販売促進部
　　　　　　　　　03-3513-6177　第 5 編集部

印刷／製本　港北メディアサービス株式会社

定価はカバーに表示してあります

ISBN 978-4-297-12226-3 C3055

Printed in Japan

【お問い合わせについて】
本書についての電話によるお問い合わせ
はご遠慮ください。質問等がございまし
たら、下記までFAXまたは封書でお送り
くださいますようお願いいたします。

〒 162-0846
東京都新宿区市谷左内町21-13
株式会社技術評論社第5編集部
「機械学習を解釈する技術」係
FAX：03-3513-6173

FAX番号は変更されていることもありますの
で、ご確認の上ご利用ください。
なお、本書の範囲を超える事柄についてのお問
い合わせには一切応じられませんので、あらか
じめご了承ください。